地震作用下

复杂岩质边坡动力响应特征及致灾机理

宋丹青　唐欣薇　郑月昱◎著

中国建筑工业出版社

图书在版编目（CIP）数据

地震作用下复杂岩质边坡动力响应特征及致灾机理 / 宋丹青，唐欣薇，郑月昱著. -- 北京 ：中国建筑工业出版社，2025. 2. -- ISBN 978-7-112-30841-5

Ⅰ. TU457

中国国家版本馆 CIP 数据核字第 2025CQ9190 号

本书结合了理论与实践，并提供了丰富的案例分析，包括陡倾顺层边坡、含断裂带边坡、含软弱结构面边坡、交叉节理边坡、层状节理边坡等复杂岩质边坡，全面阐述了地震作用下复杂岩质边坡动力响应特征及致灾机理的最新研究进展。主要内容包括：绪论；高烈度地震区陡倾顺层岩质边坡的动力响应与破坏机制；地震及降雨作用下含断裂带岩质边坡的动力响应与损伤演化研究；库水作用下含软弱结构面岩质边坡的动力响应与变形特征研究；频繁地震作用下交叉节理岩质边坡的动力响应特性与失稳机制；地震作用下层状节理边坡动力响应特征及破坏模式。

本书可供地质工程、岩土工程、防震减灾等领域的科研人员、工程师以及高等院校相关专业的师生参考。

责任编辑：辛海丽
文字编辑：王　磊
责任校对：赵　力

地震作用下复杂岩质边坡动力响应特征及致灾机理
宋丹青　唐欣薇　郑月昱　著
*
中国建筑工业出版社出版、发行（北京海淀三里河路9号）
各地新华书店、建筑书店经销
国排高科（北京）人工智能科技有限公司制版
建工社（河北）印刷有限公司印刷
*
开本：787毫米×1092毫米　1/16　印张：9½　字数：193千字
2025年2月第一版　2025年2月第一次印刷
定价：**49.00**元
ISBN 978-7-112-30841-5
（44475）

前言

FOREWORD

随着我国大型工程建设日益增多，例如三峡水库、锦屏一级水电站等，随之而来的滑坡灾害日益增多，对人民的居住环境及生命财产安全产生了极大的威胁。我国地处环太平洋地震带与地中海-喜马拉雅地震带之间，西面有印度洋板块，东面有菲律宾板块和太平洋板块，两个板块向欧亚板块挤压，导致板块边缘处及大陆内部断裂带繁多。此外，西部山区地形复杂，常年受地震带影响。边坡内部岩体存在大量的裂隙、节理等，严重影响边坡的稳定性，故地震滑坡是西部地区主要的地震灾害之一。同时，随着人类社会的发展，地震滑坡灾害逐渐成为一项影响社会稳定的重要因素。近些年来，地震滑坡对我国造成巨大损失，因此针对地震滑坡方面的研究对于抗震减灾具有重要的意义。

目前，我国进入了地震活跃期，地震滑坡灾害日益增多，引发了科学工作者对岩质边坡地震响应规律方面的思考及研究。而复杂岩质边坡的动力响应特征和致灾机理研究，是理解地震触发地质灾害的核心问题之一。岩质边坡在地震作用下的动力响应行为极为复杂，受到多种因素的影响，如地形地貌、岩石物理力学性质、地下水条件、地震动特征等。这些因素相互作用，使得边坡在地震作用下的响应表现出显著的空间异质性和时间变异性。因此，对复杂岩质边坡的地震动力响应特征及其致灾机理的深入研究，具有重要的理论价值。此外，这一研究还可为地震灾害的防治和应急管理提供有力支持，提升地震灾害的防御和应对能力。

本书结合了理论与实践，并提供了丰富的案例分析，包括陡倾顺层边坡、含断裂带边坡、含软弱结构面边坡、交叉节理边坡、层状节理边坡等复杂岩质边坡，全面阐述了地震作用下复杂岩质边坡动力响应特征及致灾机理的最新研究进展。

全书共 6 章。第 1 章为绪论，主要介绍地震作用下岩质边坡动力响应研究方法、岩质边坡地震动力响应规律、岩质边坡地震破坏机理；第 2 章介绍了高烈度地震区陡倾顺层岩质边坡的动力响应与破坏机制；第 3 章介绍了地震及降雨作用下含断裂带岩质边坡的动力响应与损伤演化研究；第 4 章介绍了库水作用下含软弱结构面岩质边坡的动力响应与变形特征研究；第 5 章介绍了频繁地震作用下交叉节理岩质边坡的动力响应特性与失稳机制；第 6 章介绍了地震作用下层状节理边坡动力响应特征及破坏模式。

本书由华南理工大学宋丹青、唐欣薇和郑月昱著。编著人员分工如下：第 1 章，宋丹青、唐欣薇；第 2 章，唐欣薇、郑月昱、李平涛；第 3 章，史万鹏、姚博、麦胜文；第 4 章，麦胜文、彭涛、史万鹏；第 5 章，刘晓丽、麦胜文、史万鹏；第 6 章，黄坤朋、胡楠、董利虎。

谨以此书献给所有为本书科研工作付出艰辛工作的单位与个人。

限于作者水平，书中不妥之处在所难免，诚盼读者不吝赐教。

宋丹青

2024 年 9 月 25 日于广州

目录

CONTENTS

第1章 绪 论……1

1.1 研究背景与意义……2

1.2 国内外研究现状……3

1.2.1 地震作用下岩质边坡动力响应研究方法……3
1.2.2 岩质边坡地震动力响应规律……6
1.2.3 岩质边坡地震破坏机理……7

1.3 主要研究内容……10

参考文献……10

第2章 高烈度地震区陡倾顺层岩质边坡的动力响应与破坏机制……17

2.1 DEM数值模拟……18

2.1.1 案例分析……18
2.1.2 数值模型构建……19

2.2 高烈度地震区顺层边坡的动力响应特性……23

2.2.1 动力放大效应……23
2.2.2 裂缝扩展演变……26
2.2.3 地震动力损伤演化规律……28
2.2.4 边坡致灾演化过程……29

2.3 基于振动台模型试验的顺层岩质边坡动力响应研究 ······ 30
2.4 小结 ······ 32
参考文献 ······ 33

第 3 章 地震及降雨作用下含断裂带岩质边坡的动力响应与损伤演化研究 ······ 35

3.1 多级动荷载下岩石动力特性与能量演化规律 ······ 36
3.1.1 水文地质及工程地质特征 ······ 36
3.1.2 动荷载作用下岩石变形特性分析 ······ 37
3.1.3 动荷载作用下岩石动力学参数演化规律 ······ 39
3.1.4 基于能量耗散特征的岩石损伤演变规律 ······ 41
3.2 多域耦联分析下岩质边坡的动力响应特征 ······ 44
3.2.1 振动台模型试验 ······ 44
3.2.2 边坡加速度动力响应特征分析 ······ 45
3.2.3 基于频域参数分析边坡动力反应特性 ······ 49
3.2.4 基于时频域参数分析边坡动力响应特性 ······ 53
3.3 复杂地质边坡的动力损伤演化规律及瞬时损伤评估 ······ 56
3.3.1 基于时间域参数的边坡损伤演化研究 ······ 56
3.3.2 基于频率域的边坡损伤演化规律 ······ 58
3.3.3 基于 Hilbert 及边际谱特征的边坡损伤识别分析 ······ 59
3.3.4 边坡动力破坏模式分析 ······ 61
3.4 小结 ······ 61
参考文献 ······ 62

第 4 章 库水作用下含软弱结构面岩质边坡的动力响应与变形特征研究 ······ 65

4.1 基于数值计算的边坡固有特性及动力响应分析 ······ 66

4.1.1 工程地质及水文条件 ······ 66
4.1.2 三维有限元模型构建 ······ 67
4.1.3 模态分析 ······ 68
4.1.4 边坡动力响应特征分析 ······ 72
4.1.5 地震作用下含软弱结构面岩质边坡破坏模式分析 ······ 73

4.2 基于振动台试验的边坡加速度响应研究 ······ 74

4.2.1 振动台模型试验 ······ 74
4.2.2 地震作用下边坡加速度响应特征 ······ 76
4.2.3 地震及库水位骤降作用下边坡动力响应特征 ······ 81

4.3 基于振动台试验的边坡表面位移响应研究 ······ 86

4.3.1 地震动参数的响应规律 ······ 86
4.3.2 库水位骤降因素的响应规律 ······ 90
4.3.3 考虑塑性效应特征的边坡地震累积破坏效应分析 ······ 93

4.4 小结 ······ 94

参考文献 ······ 95

第 5 章 频繁地震作用下交叉节理岩质边坡的动力响应特性与失稳机制 ······ 99

5.1 交叉节理岩质边坡的数值模型构建 ······ 100

5.1.1 基本准则 ······ 100
5.1.2 离散元模型 ······ 102

5.2 频繁地震下交叉节理边坡的地震动力响应特性 ······ 105

5.2.1 地震波传播特性 ······ 105
5.2.2 地形地质对动力响应特征的影响 ······ 106

5.3 基于裂纹扩展的频繁地震作用下边坡动态累积损伤规律 ······ 108

5.4 频繁地震作用下节理边坡的破坏模式 ······ 111

5.4.1 基于裂纹扩展的频繁地震作用下边坡粘结特性的损伤演变特征……111
5.4.2 基于累积位移的频繁地震作用下边坡破坏演化规律……113

5.5 小结……117

参考文献……118

第 6 章 地震作用下层状节理边坡动力响应特征及破坏模式……121

6.1 数值模型构建……122

6.1.1 工况分析……122
6.1.2 地质力学模型……123
6.1.3 边界条件与不连续节理设置……124
6.1.4 参数选取……125

6.2 节理边坡的地震响应……127

6.2.1 时域分析……127
6.2.2 频域分析……129
6.2.3 时频域分析……130

6.3 频繁地震作用下边坡的动力损伤演化规律……132

6.3.1 节理边坡的裂纹数量演变特征……132
6.3.2 粘结特性的损伤演化过程……135
6.3.3 地震作用下边坡破坏模式……137

6.4 小结……139

参考文献……140

第 1 章

绪 论

1.1 研究背景与意义

随着我国大型工程建设日益增多，例如三峡水库、锦屏一级水电站等，随之而来的滑坡灾害日益增多，对人民的居住环境及生命财产安全产生了极大的威胁[1]。我国地处环太平洋地震带与地中海-喜马拉雅地震带之间，西面有印度洋板块，东面有菲律宾板块和太平洋板块，两个板块向欧亚板块挤压，导致板块边缘处及大陆内部断裂带繁多。此外，西部山区地形复杂，常年受地震带影响。边坡内部岩体存在大量的裂隙、节理等，严重影响边坡的稳定性，故地震滑坡是西部地区主要的地震灾害之一。同时，随着人类社会的发展，地震滑坡灾害逐渐成为一项影响社会稳定的重要因素。

近些年来，地震滑坡对我国造成巨大损失[2]，我国历史上的中强震（Ms ≥ 6.0）及诱发的地震滑坡如表 1-1 所示。由表可知，一些大地震诱发了大量的滑坡，其分布面积大于 100000km^2，地震滑坡造成的损失比重超过了整个地震损失的 1/2[3]。2008 年“5·12”汶川地震是我国历史上诱发滑坡数量最多、规模及分布最为密集的震害[4]，地震诱发了约 56000 处滑坡和崩塌，死亡人数超过 2 万人[5]。2017 年 6 月 24 日，在我国四川省茂县新磨村发生了大型山体滑坡（图 1-1），该滑坡与我国历史上几次大地震具有密切关系。例如，1933 年四川叠溪地震与 2008 年汶川地震导致山体破碎，降低了岩体的完整性，在强降雨作用下诱发了山体滑坡[6-8]。地震对滑坡的影响具有长期性，使地震滑坡再次引起了国内外学者的重视。地震滑坡在国外也造成严重不利影响，例如 2004 年的日本新泻中越地震诱发了大量的山体滑坡，宽度超过 50m 的滑坡大于 360 个，造成大量人员伤亡，据不完全统计在新泻县受伤人员超过了 3000 人[9]；2008 年，岩手宫城内陆地震（Ms = 6.9）诱发了超过 4000 个地震滑坡，造成死亡和失踪人员高达数十人[10]。因此，针对地震滑坡方面的研究对于抗震减灾具有重要的意义。

我国南北地震带及邻区历史上典型 Ms 为 6.0 及以上大地震的地震滑坡统计[11-27]　　表 1-1

年份	地点	震级（Ms）	诱发滑坡数量、规模，造成人员伤亡及经济损失	参考文献
1654	甘肃天水	8.0	死亡 7464 人，震塌房屋 3672 间，窑洞不计其数	[11]
1718	甘肃渭南	7.5	滑坡面积 665km^2，超过 234000 人死亡，约 50 万间房屋倒塌	[12]
1879	甘肃武都	8.0	滑坡分布面积 1150km^2，滑坡规模较小，超过 41000 人死亡，1500 人受伤，454000 间房屋倒塌	[12]
1920	宁夏海源	8.6	滑坡分布面积 5000km^2	[13]
1927	甘肃古浪	8.0	滑坡分布面积 2100km^2	[14]
1933	四川叠溪	7.5	引起岷江两岸山崩，堵塞河道，形成地震湖。崩塌的山体在岷江上筑起了银瓶崖、大桥、叠溪三条大坝，把岷江拦腰斩断	[15]
1970	云南通海	7.7	滑坡分布面积大于 85km^2	[16]
1973	四川炉霍	7.9	滑坡分布面积大于 90km^2	[17]

续表

年份	地点	震级（Ms）	诱发滑坡数量、规模，造成人员伤亡及经济损失	参考文献
1988	云南澜沧	7.6	滑坡分布面积大于 160km^2	[18]
1996	云南丽江	7.0	诱发滑坡超过 30 处，崩塌约 420 处，滑坡及崩塌的规模较小	[19]
1999	台湾集集	7.6	超过 9200 处滑坡，每处滑坡均大于 600m^2，滑坡面积大于 120km^2	[20]
2008	四川汶川	8.0	诱发约 60000 处滑坡，人失踪滑坡分布面积大于 100000km^2，造成 69227 人死亡，374643 人受伤	[21]
2010	青海玉树	7.1	滑坡分布面积大于 1194km^2，超过 2000 处滑坡；超过 2000 人死亡，12000 人受伤，约 150000 户房屋倒塌	[22]
2013	四川芦山	7.0	超过 3800 处滑坡，多为中小型滑坡	[23]
2014	云南鲁甸	6.5	超过 950 处滑坡及崩塌，617 人丧生、1800 受伤	[24]
2016	青海门源	6.4	9 人受伤，数百户房屋受损	[25]
2016	台湾南部	6.7	至少 117 人死亡，550 多人受伤	[26]
2017	四川九寨沟	7.0	25 人死亡，525 人受伤，176492 人受灾，73671 间房屋受损	[27]

图 1-1　四川省茂县新磨村高位山体滑坡

目前，我国进入了地震活跃期，地震滑坡灾害日益增多，引发了科学工作者对岩质边坡地震响应规律方面的思考及研究。而复杂岩质边坡的动力响应特征和致灾机理研究，是理解地震触发地质灾害的核心问题之一。岩质边坡在地震作用下的动力响应行为极为复杂，受到多种因素的影响，如地形地貌、岩石物理力学性质、地下水条件、地震动特征等。这些因素相互作用，使得边坡在地震作用下的响应表现出显著的空间异质性和时间变异性。因此，对复杂岩质边坡的地震动力响应特征及其致灾机理的深入研究，具有重要的理论价值。此外，这一研究还可为地震灾害的防治和应急管理提供有力支持，提升地震灾害的防御和应对能力。

1.2　国内外研究现状

1.2.1　地震作用下岩质边坡动力响应研究方法

岩质边坡因所处的区域地质构造、工程地质条件复杂且存在较多的节理裂隙、软弱夹层及断层，造成岩体破坏模式多样，失稳原因复杂；并且近年来全球地震频发，大量的地质滑坡灾害造成了难以估量的人员伤亡、财产损失[28-30]。因此岩质边坡的地震稳定性日益受到关注，目前边坡稳定性的分析方法主要包括大型物理模型试验、有限元分析和离散元分析等数值计算方法。

1. 振动台模型试验方法

振动台试验能够较为真实地模拟地震动对边坡变形的影响，被广泛应用于模拟边坡地震变形破坏过程。20 世纪 70 年代，Seed[31]采用振动台试验分析了核心坝的抗震能力，之后通过改进振动台，将其用于边坡的地震破坏机制方面的研究。Sun 等[32]通过建立具有非线性力学性质的粉质黏土层边坡模型，利用大型振动台试验研究多年冻土区滑坡的动力特性和破坏机理。Li 等[33]为研究不连续性对边坡的动力响应的影响，利用振动台试验研究不同外部荷载作用下边坡的动力响应特征。Fan 等[34]利用振动台试验，研究含顺向及反倾结构面岩质边坡的地震动力响应规律。针对含软弱夹层岩质边坡，Liu 等[35]利用振动台试验分析了地形及地质条件对边坡地震规律的影响。Lin 等[36]通过大型振动台试验，研究地震作用下不同加固方案对边坡动力特性的影响。Massey 等[37]基于振动台试验，针对不同岩性的边坡探讨了不同地质材料对动力稳定性的作用机理。针对含不连续结构面岩质边坡，Song 等[28,38]利用振动台试验研究其动力响应规律及破坏过程。

在国内，许多学者利用振动台试验针对岩质边坡的动力响应规律进行了较多的研究。王平等[39]利用振动台试验针对黄土-风化岩接触面型边坡进行了研究，分析边坡的地震响应及破坏发展过程。崔圣华等[40]利用振动台试验研究含软弱层带滑坡的地震破坏机理，结果表明软弱层带内的动力不协调变形是滑坡的主要成因。宋波等[41]采用振动台试验，研究坡内地下水上升对坡体动力响应及破坏模式的影响。范刚等[42]利用振动台试验，探讨了含软弱夹层岩质边坡的动力响应特征及其影响因素。郝建斌等[43]利用振动台试验研究土质边坡支护结构的地震响应规律。刘树林等[44]采用振动台物理模型试验，针对不同倾角的顺层岩质边坡，研究频发微小地震作用下顺层边坡的动力响应特征及破坏模式。贾向宁等[45]以典型黄土-泥岩滑坡为原型，通过输入不同峰值加速度的地震波，揭示顺层边坡地震响应。朱仁杰等[46]对含贯通性结构面的岩质边坡进行振动台试验，开展地震波场传播特性、动力演化规律和破坏机理研究。刘汉香等[47]对均质和层状岩质边坡，利用振动台试验分析了边坡地震响应特征和地震波频率的关系。目前，振动台模型试验已经成为研究复杂地质构造岩质边坡地震响应的可靠的方法。但是，由于岩质边坡地质构造的复杂性及地震的随机性，采用振动台试验模拟实际的地震滑坡仍具有一定的局限性。因此，利用振动台试验研究复杂地质构造岩质边坡的地震响应规律及其破坏模式还有待进一步深入研究。

2. 数值分析方法

目前，数值分析方法被广泛应用于岩质边坡稳定性方面的研究，主要包括有限元法、离散元法、不连续变形分析方法及数值流形法等。有限元法主要使用 ABAQUS、ANSYS、PLAXIS、ADINA、COMSOL、GEOStudio 等软件，被广泛应用于各类岩土工程领域。Yin 等[48]采用 ABAQUS 软件研究了岩体强度准则和入射角对地震诱发边坡破坏分析的影响。Mi 等[49]基于 ABAQUS 及欧拉方程研究了地震作用下海洋边坡动力失稳过程。Pradhan 等[50]以喜马拉雅山脉附近边坡为例，采用 PLAXIS 有限元软件研究了高度破碎、节理发育边坡的安全系数。Li 等[51]运用 ADINA 建立了三维多重透射公式，并成功模拟了玉溪盆地的聚焦效应。周鑫等[52]采用 DEM 与 GEOStudio 耦合的方式研究了小南海滑坡特征，并推算了滑坡体体积。Hu 等[53]采用 COMSOL 模拟了降雨和地震耦合作用下边坡岩体的动力稳定性。但有限元模拟针对不连续介质、大变形及应力集中问题存在一定的局限性。有限差分软件主要包括 FLAC2D、FLAC3D 等，其在非连续介质的大变形问题求解上存在一定的优势。Qi 等[54]利用 FLAC 软件研究了单面坡的坡度、高程、材质等参数对动力响应特征的影响，发现加速度会随着高程出现节律性的变化。He 等[55]通过 FLAC 软件研究了基覆型阶梯状边坡的地震反应，发现了覆盖层物理几何性质对边坡动力响应特征的影响。言志信等[56]利用 FLAC 软件研究了顺层岩质边坡的动力响应特征及破坏机理，并探究了双向耦合地震作用下锚杆的边坡加固效果。宋丹青等[57]采用 FLAC 软件对比分析了顺层和反倾边坡的动力加速度响应特征。

而离散元软件包括 PFC2D/3D、3DEC、UDEC、MatDEM 等，其能使块体间无变形协调约束，允许可变性体或刚体间的位移及变形为非连续，主要被用于不连续岩体的大变形和破坏过程演化模拟。Wei 等[58]采用支持向量机与 PFC 耦合的方法，反演了滑坡岩石材料的宏观特性对应的微观参数，并成功模拟了乐山市马边滑坡的破坏过程。Tian 等[59]利用 PFC3D 揭示了水平复杂层状岩质边坡在地震与风化耦合作用下的动态破坏过程。Wang 等[60]以云南省鲁甸县红石滑坡为研究对象，利用 PFC 对滑坡过程和失稳机理进行了数值模拟，研究了速度、位移及矿床特征。卞康等[61-62]利用 PFC 研究了含断续节理边坡的动力响应特征及破坏模式。Ning 等[63]以雅砻江上游库区边坡为例开展 UDEC 模拟，发现反倾边坡倾倒破坏分为张拉裂隙发育、坡顶张拉裂缝形成、倾倒带形成、失稳四个阶段。Mreyen 等[64]以罗马尼亚喀尔巴阡山脉的巴尔塔滑坡为例，利用 3DEC 研究了巴尔塔滑坡的破坏过程及受灾范围。Chen 等[65]采用 MatDEM 软件通过分析黄土-泥岩滑坡过程中的速度、能量转化等因素得到了滑坡的变形和动力学特征。不连续变形方法和数值流形法可有效模拟不连续岩体的移动和开裂等变形破坏过程，Abe 等[66]采用 MPM 方法对各种倾斜软弱层在内的试验边坡模型的动力特性进行了研究。Ye 等[67]将显式数值流形与节理岩质边坡进行耦合，对东河口滑坡进行了破坏模拟。针对各类岩质边坡稳定性的数值模拟，由于边界条件、网格划分、粘结条件及参数选取等局限性，地震作用下岩质边坡的动力稳定性具有一定的时间局限性。

1.2.2 岩质边坡地震动力响应规律

不同的边坡类型具有不同的岩体结构特征，如岩层倾角、层理间距、节理特性等。这些结构特征决定了边坡在地震作用下具有不同的应力分布和变形特征。一般而言，顺层边坡由于岩层倾向与坡面一致，在地震时容易沿层面滑动；反倾边坡因岩层倾向与坡面相反，在地震时可能产生拉裂和剪切破坏；而节理边坡由于岩体中存在大量节理或裂隙，在地震作用下，块体滑动和崩落的风险较高。通过探究各类边坡在动力作用下的响应规律、破坏模式和稳定性演化，有助于精准评估地震条件下边坡的失稳风险，为边坡的抗震设计、加固措施以及灾害预防提供科学依据和技术支持。

1. 顺层边坡

在研究顺层边坡在地震作用下的动力响应特征时，众多学者通常采用振动台试验或数值模拟的方法。振动台试验方面，Yang 等[68]通过振动台试验探讨了顺层岩质边坡的动力响应，发现随着边坡高程的增加，加速度放大系数也随之增大。当输入地震振幅超过 0.3g时，顺层边坡开始表现出非线性动力响应特征。吴多华等[69]研究了地震波频率、幅值和持时对边坡动力响应的影响，结果表明：当输入波频率小于边坡自振频率时，边坡的水平向 PGA 放大系数随输入波频率的增大而增大；当输入波频率大于边坡自振频率时，放大效应则开始逐渐减弱。陈志荣等[70]的研究进一步扩展到隧道洞口段顺层边坡，发现隧道洞口段顺层岩质边坡具有明显的高程和坡表放大效应，且在水平地震作用下坡内加速度放大系数大于垂直地震作用下的放大系数。

数值模拟方面，王通等[71]利用 UDEC 软件建立了多组碎裂状顺层岩质边坡模型，结果显示坡面位移响应呈现先增大后减小的规律；边坡的 PGA 放大系数存在高程放大效应，并且地震波类型对 PGA 的响应特征具有显著影响。Feng 等[72]通过 DDA 非连续介质方法研究了顺层岩质边坡在地震作用下的动力响应规律，发现 PGA 放大系数随边坡高程的增加而增大，并且随着加速度幅值的增加，放大系数总体上呈上升趋势，但该趋势受岩石结构和地震波类型的影响。

2. 反倾边坡

反倾边坡是指岩层倾角方向与边坡倾斜方向相反的边坡类型。汶川地震干河口滑坡[73]、芦山地震流水沟滑坡[74]等诸多滑坡事件表明，反倾边坡发生破坏后造成的危害更大。因此，深入探究反倾边坡在地震作用下的动力响应具有重要的科学价值与实践意义。

陈臻林等[75]利用FLAC3D软件研究了含软弱夹层的反倾斜坡，研究发现：在软弱夹层以下，加速度放大系数随振幅的增大而增大；在软弱夹层以上，加速度放大系数随振幅的增大而减小。当地震波频率增大时，边坡的动力响应减弱；地震波能量越大，软弱夹层对其动力响应的削弱程度越强。同时，在软弱夹层以上的岩体部分，随着倾角的增加，加速度会先增加后减小，而在软弱夹层以下的岩体部分，加速度放大系数则随倾角的增大而减小。刘汉东等[76]基于振动台试验和FLAC3D模拟研究了反倾岩质边坡的动力响应及地震动参数的影响，发现加速度放大系数存在高程效应，并且PGA放大系数的大小和分布受地震动参数影响显著，影响因素排序依次为：地震动频率＞地震动强度＞地震波持续时间。

3. 节理边坡

节理边坡涉及岩体内部的节理面，这些节理面通常是岩体的弱面，不仅会降低岩体的抗剪强度，还对边坡的整体稳定性产生显著影响。针对节理边坡的动力响应问题，众多学者进行了深入探讨。

Che等[77]通过数值模拟和振动台试验发现，当岩体中存在一组非贯通节理时，会增强边坡的地震动力响应，并且在坡肩位置，加速度放大系数会出现一个极大值封闭圈。王斌[78]采用ABAQUS模拟以及大型振动台试验，分析了含有顺向及逆向节理的岩质边坡在动荷载作用下的动力响应，研究显示：水平地震波输入时的PGA放大系数明显大于垂直输入时的PGA放大系数。此外，由于离散元颗粒流程序的PFC在模拟裂纹扩展和岩体大变形破坏方面优势显著，逐渐成为岩土工程领域研究的重要工具[79]。

1.2.3 岩质边坡地震破坏机理

1. 顺层边坡

顺层边坡的失稳破坏在各类工程中均较为常见，这促使人们重视顺层岩质边坡失稳破坏机理的研究。倾斜岩层按岩层倾角β的大小可分为：缓倾岩层（$\beta < 30°$）、倾斜岩层（$30° \leqslant \beta \leqslant 60°$）、陡倾岩层（$\beta > 60°$）。

顺层边坡的典型破坏模式主要包括滑移-拉裂破坏、滑移-剪切破坏、弯曲-拉裂破坏和滑移-弯曲破坏，破坏模式如图1-2所示[80-81]。顺层边坡变形破坏过程可分为4个阶段：应力调整阶段、剪切错动阶段、挤压弯曲阶段和溃屈破坏阶段。

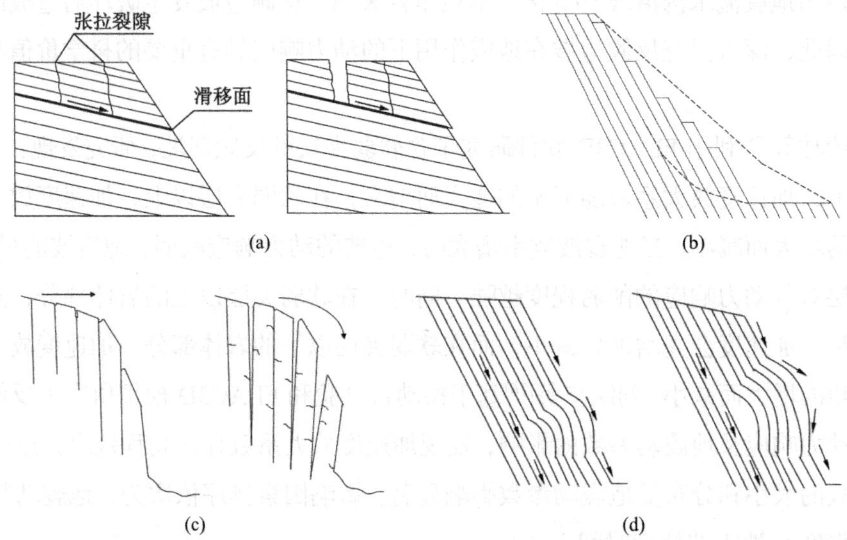

图 1-2 顺层边坡的典型破坏模式

（a）滑移-拉裂破坏；（b）滑移-剪切破坏；（c）弯曲-拉裂破坏；（d）滑移-弯曲破坏[80-81]

一般认为，中-陡倾层状岩质边坡容易发生弯曲变形，进而发展成溃曲变形破坏。张勃成等[82]建立了在水动力作用下顺层岩质边坡溃曲变形破坏失稳模型，提出其临界失稳高度的计算方法，并对其影响因素进行敏感性分析；其他学者也从变形过程和力学机制等角度对顺层岩质边坡溃曲变形破坏现象进行分析和研究[83]。

此外，在大量的工程实践中发现，顺层陡倾岩质边坡还存在一种变形破坏模式，即倾倒变形。倾倒变形是顺层陡倾岩质边坡失稳破坏的一种典型变形破坏模式，是指层状反坡向结构及部分陡倾角顺层边坡的上部岩层因蠕动变形而向临空方向一侧产生弯曲、折断，形成所谓“点头哈腰”的现象[84]。Cruden[85]的研究表明，在没有外力辅助的情况下，顺层边坡也会发生倾倒；Cruden 等[86]分析加拿大阿尔伯塔省海伍德山口顺层边坡的倾倒变形体，并将其分为块状弯曲倾倒（block flexure topple）、人字形倾倒（chevron topple）和多重块体倾倒（multiple block topple）；任光明等[87]以白龙江干流典型滑移-倾倒型滑坡为依托，揭示在顺层陡倾岩质边坡中还存在一种特殊的倾倒变形破坏模式——滑移-倾倒。其他典型工程案例还有白龙江碧口水电站青崖岭滑坡、孟家干沟滑坡、加拿大落基山脉北部冰川滑坡、四川省青川县桅杆梁地区倾倒变形体等[88]。

2. 反倾边坡

自 20 世纪 50 年代发现倾倒变形现象以来，伴随频繁工程扰动相继产生国内外罕见且规模较大的“倾倒式”变形破坏。据统计，20 世纪 80 年代以来，国内外已发生十余起反倾边坡破坏失稳导致的重大灾难事件[89]，例如秘鲁的 Ghurgar 岩崩，加拿大

Frank 滑坡，我国的金川露天镍矿边坡、巴东黄蜡石滑坡、甘肃金川镍矿、内蒙古长山壕金矿和锦屏一级水电站左岸边坡等[90]，这类中大规模反倾边坡倾倒失稳对人类工程活动产生严重威胁。

国内外学者对反倾边坡倾倒变形机制进行相应研究，最初是基于工程案例对其变形破坏模式进行总结。Talobra[91]首次描述在工程中发现的反倾层状岩质边坡的倾倒破坏现象。Goodman 等[92]在反倾岩质边坡倾倒变形特征定性与定量研究的基础上，将倾倒破坏系统地分为原生倾倒与次生倾倒。其中，原生倾倒主要包括弯曲倾倒、块体倾倒和弯曲-块状倾倒（图 1-3），其主要受岩体重度的控制。次生倾倒变形主要受除岩体重度以外的其他因素控制，随后 Evans 和 Teme 等提出并分析次生倾倒的主要因素和失稳机理[93-94]。

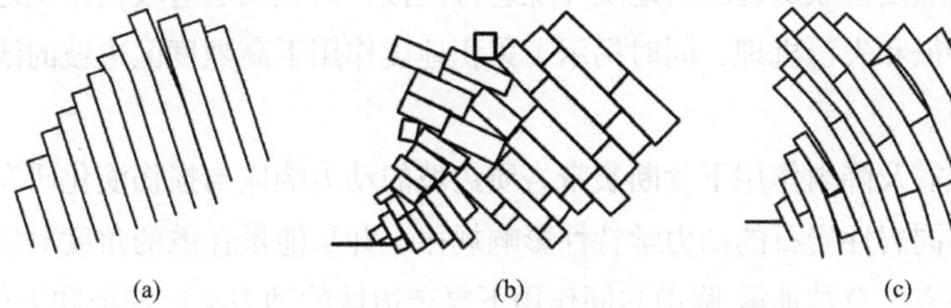

图 1-3　反倾边坡典型破坏模式

（a）弯曲倾倒；（b）块体倾倒；（c）弯曲-块状倾倒[93-94]

王耕夫[95]认为，反倾边坡倾倒破坏与其自身构造条件具有很大关系。Liu 等[96]提出的定性评分系统为大型深层变质岩中倾倒过程的定量研究提供基础。Zhang 等[97]将倾倒边坡分为稳定区、拉伸区和剪切带三个部分，并提出最危险潜在破坏面的角度随倾角和边坡高度的增加而增大，而稳定系数则与边坡稳定度成负相关。

3. 节理边坡

20 世纪 20 年代，Griffith 微裂纹理论诞生；20 世纪 70 年代始，该理论被引入岩体力学研究中，为从根本上揭示岩体的渐进性失稳破坏过程奠定基础。目前，我国学者在裂隙性岩体（诸如含雁列节理、斜裂纹、翼型裂纹的岩体）破裂机理方面进行了大量研究[98]，取得显著的成果。近年来，随着技术手段的进步，较多研究者开始使用试验方法来研究节理裂隙的破坏机理。白世伟等[99]采用激光散斑技术研究断续节理岩体在压缩试验中的全场位移量，并分析裂纹扩展规律和破坏机理。

除试验研究外，数值模拟研究也得到广泛的开展。数值模拟方法包括有限元法、边界元法、非连续变形分析方法和离散元法等多种方法。其中，非连续理论和离散元法能够模拟不均一多裂纹的岩石材料及其破裂后的大变形问题，因此非连续变形分析方法（DDA）、离散单元法（UDEC）、颗粒元程序 PFC 等在近年来得到快速发展。其中，PFC 被广泛用于岩石材料变形破坏细观机制的研究中[100]。

1.3 主要研究内容

本书共分为 6 章，内容囊括了陡倾顺层边坡、含断裂带边坡、含软弱结构面边坡、交叉节理边坡、层状节理边坡等复杂岩质边坡，全面阐述了地震作用下复杂岩质边坡动力响应特征及致灾机理的最新研究进展。

第 1 章为绪论，简述地震作用下复杂岩质边坡动力响应特征及致灾机理的研究背景与意义，并介绍国内外研究现状。

第 2 章为高烈度地震区陡倾顺层岩质边坡的动力响应与破坏机制，采用离散元数值模拟方法对高烈度区顺层边坡的地质环境进行模拟，研究顺层边坡在累积地震作用下的动力响应特征和失稳机理，同时揭示了累积地震作用下高烈度区边坡的演变过程及动力破坏模型。

第 3 章为地震及降雨作用下含断裂带岩质边坡的动力响应与损伤演化研究，探究多级动荷载对不同岩性岩石的动力学特性影响规律，并从能量耗散的角度对岩石损伤演化规律进行探究，总结地震-降雨共同作用下复杂边坡的动力响应特征和失稳机制。

第 4 章为库水作用下含软弱结构面岩质边坡的动力响应与变形特征研究，利用有限元方法、振动台试验和理论分析方法，基于时间域、频率域及时频域，研究地震及库水作用下含软弱结构面岩质边坡动力响应、变形演化规律、震害识别方法及动力破坏机制。

第 5 章为频繁地震作用下交叉节理岩质边坡的动力响应特性与失稳机制，构建均质边坡和交叉节理边坡两个离散元模型，并通过向这两个模型连续加载不同振幅的地震动，研究交叉节理边坡在连续地震作用下的动力响应特性、损伤演化规律以及失稳模式。

第 6 章为地震作用下层状节理边坡动力响应特征及破坏模式，从多域角度系统地考察节理岩质边坡的动力稳定性，进一步探讨不连续节理类型对边坡地震响应及地震失稳模式的影响。此外，通过连续加载不同振幅的多个地震动，揭示边坡在地震作用下的累积损伤演化规律。

参考文献

[1] 黄润秋，李渝生，严明. 斜坡倾倒变形的工程地质分析[J]. 工程地质学报，2017, 25(5): 1165-1181.

[2] 徐锡蒙, 郑粉莉, 关颖慧, 等. 2013 年我国地震灾害时空特征与灾害损失分析[J]. 水土保持研究, 2015, 22(4): 321-325.

[3] 李为乐, 伍霁, 吕宝雄. 地震滑坡研究回顾与展望[J]. 灾害学, 2011, 26(3): 103-108.

[4] 张铎, 吴中海, 李家存, 等. 国内外地震滑坡研究综述[J]. 地质力学学报, 2013, 19(3): 225-241.

[5] Dai F C, Xu C, Yao X, et al. Spatial distribution of landslides triggered by the 2008 Ms 8. 0 Wenchuan earthquake, China[J]. Journal of Asian Earth Sciences, 2011, 40(4): 883-895.

[6] Fan X, Xu Q, Scaringi G, et al. Failure mechanism and kinematics of the deadly June 24th 2017 Xinmo landslide, Maoxian, Sichuan, China[J]. Landslides, 2017, 14(6): 2129-2146.

[7] Su L, Hu K, Zhang W, et al. Characteristics and triggering mechanism of Xinmo landslide on 24 June 2017 in Sichuan, China[J]. Journal of Mountain Science, 2017, 14(9): 16-27.

[8] Wang Y, Bo Z, Jia L. Mechanism of the catastrophic June 2017 landslide at Xinmo Village, Songping River, Sichuan Province, China[J]. Landslides, 2017, 15(4): 1-13.

[9] Chigira M, Yagi H. Geological and geomorphological characteristics of landslides triggered by the 2004 Mid Niigta prefecture earthquake in Japan[J]. Engineering Geology, 2006, 82(4): 202-221.

[10] Miyagi T, Yamashina S, Esaka F, et al. Massive landslide triggered by 2008 Iwate-Miyagi inland earthquake in the Aratozawa Dam area, Tohoku, Japan[J]. Landslides, 2011, 8(1): 99-108.

[11] 袁道阳, 雷中生, 王爱国. 1654 年甘肃天水南 8 级地震补充考证[J]. 地震工程学报, 2017, 39(3): 509-520.

[12] 张帅, 孙萍, 邵铁全, 等. 甘肃天水黄土梁峁区强震诱发滑坡特征研究[J]. 工程地质学报, 2016, 24(4): 519-526.

[13] 袁道阳, 雷中生, 杨青云, 等. 1879 年甘肃武都南 8 级地震的震灾特征[J]. 兰州大学学报(自科版), 2014(5): 611-621.

[14] 邓龙胜, 范文. 宁夏海原 8.5 级地震诱发黄土滑坡的变形破坏特征及发育机理[J]. 灾害学, 2013, 28(3): 30-37.

[15] 邹谨敞, 邵顺妹. 古浪地震滑坡的分布规律和构造意义[J]. 中国地震, 1994(2): 168-174.

[16] 洪时中, 徐吉廷. 周晓和先生留存的 1933 年四川叠溪地震照片简介[J]. 地震地质, 2011, 33(1): 225-230.

[17] 国家地震局地震测量队. 1970 年云南省通海地震的地形变特征[J]. 地球物理学报, 1975, 18(4): 240-245.

[18] 蜀水. 炉霍 7.9 级地震特征和该区的地震活动性[J]. 地球物理学报, 1974(2): 7-13.

[19] 唐尧. 基于 3S 的震后汶川潜在泥石流危险性评价研究[D]. 成都: 成都理工大学, 2011.

[20] 杨玉成, 袁一凡, 郭恩栋, 等. 1996 年 2 月 3 日云南丽江 7.0 级地震丽江县城震害统计和损失评估[J]. 地震工程与工程振动, 1996(1): 19-29.

[21] 唐昭荣, 袁仁茂, 胡植庆, 等. 台湾集集地震九份二山滑坡发生机制的三维数值模拟分析[J]. 工程地质学报, 2012, 20(6): 940-954.

[22] 许冲, 戴福初, 肖建章. “5·12”汶川地震诱发滑坡特征参数统计分析[J]. 自然灾害学报, 2011(4): 147-153.

[23] 许冲, 徐锡伟, 于贵华. 玉树地震滑坡分布调查及其特征与形成机制[J]. 地震地质, 2012, 34(1): 47-62.

[24] 许冲, 徐锡伟, 郑文俊, 等. 2013 年四川省芦山“4·20”7.0 级强烈地震触发滑坡[J]. 地震地质, 2013, 35(3): 641-660.

[25] 和海霞，李素菊，刘明，等. 云南鲁甸 6.5 级地震灾区滑坡分布特征研判分析[J]. 灾害学，2016(1): 92-95.

[26] 胡朝忠，杨攀新，李智敏，等. 2016 年 1 月 21 日青海门源 6.4 级地震的发震机制探讨[J]. 地球物理学报，2016, 59(5): 1637-1646.

[27] 戴岚欣，许强，范宣梅，等. 2017 年 8 月 8 日四川九寨沟地震诱发地质灾害空间分布规律及易发性评价初步研究[J]. 工程地质学报，2017, 25(4): 1151-1164.

[28] Song D, Che A, Zhu R, et al. Dynamic response characteristics of a rock slope with discontinuous joints under the combined action of earthquakes and rapid water drawdown[J]. Landslides, 2018, 15(6): 1109-1125.

[29] Tran T V, Alvioli M, Lee G, et al. Three-dimensional, time-dependent modeling of rainfall-induced landslides over a digital landscape: a case study[J]. Landslides, 2017, 15(6): 1071-1084.

[30] Zhan Z, Qi S. Numerical study on dynamic response of a horizontal layered-structure rock slope under a normally incident sv wave[J]. Applied Sciences, 2017, 7(7): 716.

[31] Seed H B. Seismic stability and deformation of clay slopes[J]. Journal of the Geotechnical Engineering Division, 1974, 100(2): 139-156.

[32] Sun H, Niu F J, Zhang K J, et al. Seismic behaviors of soil slope in permafrost regions using a large-scale shaking table[J]. Landslides, 2017, 14(1): 1-8.

[33] Li H H, Lin C H, Zu W, et al. Dynamic response of a dip slope with multi-slip planes revealed by shaking table tests[J]. Landslides, 2018: 1-13.

[34] Fan G, Zhang L M, Zhang J J, et al. Energy-based analysis of mechanisms of earthquake-induced landslide using Hilbert-Huang transform and marginal spectrum[J]. Rock Mechanics & Rock Engineering, 2017, 50(4): 1-17.

[35] Liu H X, Xu Q, Li Y R. Effect of lithology and structure on seismic response of steep slope in a shaking table test[J]. Journal of Mountain Science, 2014, 11(2): 371-383.

[36] Lin Y L, Leng W M, Yang G L, et al. Seismic response of embankment slopes with different reinforcing measures in shaking table tests[J]. Natural Hazards, 2015, 76(2): 791-810.

[37] Massey C, Pasqua F D, Holden C, et al. Rock slope response to strong earthquake shaking[J]. Landslides, 2017, 14: 1-20.

[38] Song D, Che A, Chen Z, et al. Seismic stability of a rock slope with discontinuities under rapid water drawdown and earthquakes in large-scale shaking table tests[J]. Engineering geology, 2018, 245: 153-168.

[39] 王平，王会娟，柴少峰，等. 黄土-风化岩接触面斜坡滑移面衍生机制及变形特征[J]. 岩石力学与工程学报，2018, 37(S2): 4027-4037.

[40] 崔圣华，裴向军，黄润秋. 大光包滑坡启动机制：强震过程滑带非协调变形与岩体动力致损[J]. 岩石力学与工程学报，2019, 38(2): 237-253.

[41] 宋波，黄帅，林懿，等. 强震作用下地下水对砂质边坡的动力响应和破坏模式的影响分析[J]. 土木工程学报，2014(S1): 240-245.

[42] 范刚，张建经，付晓，等. 双排桩加预应力锚索加固边坡锚索轴力地震响应特性研究[J]. 岩土工程学报，2016, 38(6): 1095-1103.

[43] 郝建斌，李金和，程涛，等. 锚杆格构支护边坡振动台模型试验研究[J]. 岩石力学与工程学报，2015, 34(2): 293-304.

[44] 刘树林, 杨忠平, 刘新荣, 等. 频发微小地震作用下顺层岩质边坡的振动台模型试验与数值分析[J]. 岩石力学与工程学报, 2018, 37(10): 2264-2276.

[45] 贾向宁, 黄强兵, 王涛, 等. 陡倾顺层断裂带黄土-泥岩边坡动力响应振动台试验研究[J]. 岩石力学与工程学报, 2018, 37(12): 2721-2732.

[46] 朱仁杰, 车爱兰, 严飞, 等. 含贯通性结构面岩质边坡动力演化规律[J]. 岩土力学, 2019(5): 1907-1915.

[47] 刘汉香, 许强, 王龙, 等. 地震波频率对岩质斜坡加速度动力响应规律的影响[J]. 岩石力学与工程学报, 2014, 33(1): 125-133.

[48] Yin C, Li W H, Zhao C G, et al. Impact of tensile strength and incident angles on a soil slope under earthquake SV-waves[J]. Engineering Geology, 2019, 260: 105192.

[49] Mi Y, Wang J H, Cheng X L, et al. Numerical modelling for dynamic instability process of submarine soft clay slopes under seismic loading[J]. Journal of Ocean University of China, 2021, 20(5): 1109-1120.

[50] Pradhan S P, Vishal V, Singh T N. Finite element modelling of landslide prone slopes around Rudraprayag and Agastyamuni in Uttarakhand Himalayan terrain[J]. Natural Hazards, 2018, 94(1): 181-200.

[51] Li T F, Chen X L, Li Z C. Development of an MTF in ADINA and its application to the study of the Yuxi Basin effect[J]. Journal of Seismology, 2021, 25: 683-695.

[52] 周鑫, 周庆, 高帅坡, 等. 重庆小南海滑坡原始地形恢复及滑坡体体积计算[J]. 地震地质, 2020, 42(4): 936-954.

[53] Hu J, Liu H L, Li L P, et al. Stability analysis of dangerous rockmass considering rainfall and seismic activity with a case study in china′s three gorges area[J]. Polish Journal of Environmental Studies, 2019, 28(2): 631-645.

[54] Qi S, He J, Zhan Z. A single surface slope effects on seismic response based on shaking table test and numerical simulation[J]. Engineering Geology, 2022, 306: 106762.

[55] He J, Fu H, Zhang Y, et al. The effect of surficial soil on the seismic response characteristics and failure pattern of step-like slopes[J]. Soil Dynamics and Earthquake Engineering, 2022, 161: 107441.

[56] 言志信, 李亚鹏, 龙哲, 等. 双向耦合地震作用下含软弱层岩质边坡锚固界面剪切作用[J]. 振动与冲击, 2020, 39(11): 158-164.

[57] 宋丹青, 黄进, 刘晓丽. 地震作用下层状岩质边坡动力响应[J]. 湖南大学学报(自然科学版), 2021, 48(5): 113-120.

[58] Wei J B, Zhao Z, Xu C, et al. Numerical investigation of landslide kinetics for the recent Mabian landslide(Sichuan, China)[J]. Landslides, 2019, 16(11): 2287-2298.

[59] Tian Y, Wang L F, Jin H H, et al. Failure mechanism of horizontal layered rock slope under the coupling of earthquake and weathering[J]. Advances in Civil Engineering, 2020, 2020: 1-19.

[60] Wang H L, Liu S Q, Xu W Y, et al. Numerical investigation on the sliding process and deposit feature of an earthquake-induced landslide: a case study[J]. Landslides, 2020, 17(11): 2671-2682.

[61] 卞康, 刘建, 胡训健, 等. 含顺层断续节理岩质边坡地震作用下的破坏模式与动力响应研究[J]. 岩土力学, 2018, 39(8): 3029-3037.

[62] 胡训健, 卞康, 李鹏程, 等. 水平厚层状岩质边坡地震动力破坏过程颗粒流模拟[J]. 岩石力学与工程学报, 2017, 36(9): 2156-2168.

[63] Ning Y B, Zhang G C, Tang H M, et al. Process analysis of toppling failure on anti-dip rock slopes

under seismic load in southwest China[J]. Rock Mechanics and Rock Engineering, 2019, 52(11): 4439-4455.

[64] Mreyen A S, Donati D, Elmo D, et al. Dynamic numerical modelling of co-seismic landslides using the 3D distinct element method: Insights from the Balta rockslide(Romania)[J]. Engineering Geology, 2022, 307: 106774.

[65] Chen Z, Song D. Numerical investigation of the recent Chenhecun landslide(Gansu, China)using the discrete element method[J]. Natural Hazards, 2020, 105(1): 717-733.

[66] Abe K, Nakamura S, Nakamura H, et al. Numerical study on dynamic behavior of slope models including weak layers from deformation to failure using material point method[J]. Soils and Foundations, 2017, 57(2): 155-175.

[67] Ye Z, Xie J, Lu R, et al. Simulation of seismic dynamic response and post-failure behavior of jointed rock slope using explicit numerical manifold method[J]. Rock Mechanics and Rock Engineering, 2022, 55(11): 6921-6938.

[68] Yang G, Qi S, Wu F, et al. Seismic amplification of the anti-dip rock slope and deformation characteristics: A large-scale shaking table test[J]. Soil Dynamics and Earthquake Engineering, 2018, 115: 907-916.

[69] 吴多华，刘亚群，李海波，等. 地震荷载作用下顺层岩体边坡动力放大效应和破坏机制的振动台试验研究[J]. 岩石力学与工程学报, 2020, 39(10): 1945-1956.

[70] 陈志荣，宋丹青，刘晓丽，等. 隧道口顺层斜坡地震动力响应特征振动台试验[J]. 地球科学, 2022, 47(6): 2069-2080.

[71] 王通，刘先峰，侯召旭，等. 碎裂状顺层岩质边坡地震动力响应与破坏模式[J]. 工程科学与技术, 2023, 55(2): 39-49.

[72] Feng X, Jiang Q, Zhang X, et al. Shaking table model test on the dynamic response of anti-dip rock slope[J]. Geotechnical and Geological Engineering, 2019, 37(3): 1211-1221.

[73] 李果，黄润秋，巨能攀，等. 汶川地震诱发干河口巨型反倾滑坡成因机制研究[J]. 水电能源科学, 2011, 29(4): 118-121.

[74] 郭剑，魏小佳，王刚. 芦山灾区流水沟滑坡基本特征及成因机制研究[J]. 公路工程, 2015, 40(2): 15-19+33.

[75] 陈臻林，杨小奇. 地震波作用下含反倾软弱夹层岩质边坡动力响应规律研究[J]. 应用数学和力学, 2015, 36(S1): 155-166.

[76] 刘汉东，耿正，王忠福，等. 反倾岩质边坡动力响应及地震动参数影响研究[J]. 华北水利水电学院学报, 2019, 40(4): 70-76.

[77] Che A L, Yang H K, Wang B, el al. Wave propagations through jointed rock masses and their effects on the stability of slopes[J]. Engineering Geology, 2016, 201: 45-56.

[78] 王斌. 强震作用下含不连续面高陡岩质边坡动力响应振动台试验研究[D]. 上海：上海交通大学, 2015.

[79] Lam C, Edav J R, Rpd F, et al. Application ofthe discrete element method for modeling of rock crack propagation and coalescence in the step-path failure mechanism[J]. Engineering Geology, 2013, 153(2): 80-94.

[80] 汪茜. 地震作用下顺层岩质边坡变形破坏机理研究[D]. 长春：吉林大学, 2010.

[81] 李祥龙. 层状节理岩体高边坡地震动力破坏机理研究[D]. 武汉：中国地质大学, 2013.

[82] 张勃成, 唐辉明, 申培武, 等. 基于岩石损伤与水力作用的顺层岩质边坡临界失稳高度研究[J]. 安全与环境工程, 2020, 27(2): 42-49.

[83] 汤明高, 马旭, 张婷婷, 等. 顺层边坡溃屈机制与早期识别研究[J]. 工程地质学报, 2016, 24(3): 442-450.

[84] 陆兆臻. 工程地质原理[M]. 北京: 中国水利水电出版社, 2001.

[85] Cruden D M. Limits to common toppling[J]. Canadian Geotechnical Journal, 1989, 26(4): 737-742.

[86] Cruden D M, Hu X Q. Topples on underdip slopes in the High-wood Pass, Alberta, Canada[J]. Quarterly Journal of Engineering Geology & Hydrogeology, 1994, 27(1): 57-68.

[87] 任光明, 夏敏, 曾强, 等. 白龙江干流典型滑移-倾倒型滑坡的特征及形成机制[J]. 成都理工大学学报(自然科学版), 2015, 42(1): 18-25.

[88] Mcaffee R P, Cruden D M. Landslides at rock glacier site, highwood pass, alberta[J]. Canadian Geotechnical Journal, 1996,33(5): 685-695.

[89] 黄润秋, 王峥嵘, 许强. 反倾向岩质边坡变形破坏规律分析[R]. 1994.

[90] 伍法权. 云母石英片岩斜坡弯曲倾倒变形的理论分析[J]. 工程地质学报, 1997(4): 19-24.

[91] Talobra J. La mecanique des rockes appliquée aux travaux publics[R]. Paris, Dunod, 1957.

[92] Goodman R E, Bray J W. Toppling of rock slope[C]//Proceedings of Specialty Conference on Rock Engineering for Foundation sand Slopes. Boulder, Colorado, USA: ASCE, 1976: 201-234.

[93] Evans R S. Analysis of secondary toppling rock failures-the stress redistribution method[J]. Quarterly Journal of Engineering Geology, 1981, 14(2): 77-86.

[94] Teme S C, West T R. Some secondary toppling failure mechanisms in discontinuous rock slope[C]. College Station, TX, USA: Assoc of Engineering Geologists, 1983.

[95] 王耕夫. 敷溪口水电站坝址右岸蠕变倾倒松动边坡变形的特征及其成因机制分析[J]. 水利水电技术, 1987(3): 24-28+21.

[96] Liu M, Liu F Z, Huang R Q, et al. Deep-seated large-scale toppling failure in metamorphic rocks: a case study of the Erguxi slope in southwest China[J]. Journal of Mountain Science, 2016, 13(12): 2094-2110.

[97] Zhang G C, Wang F. New stability calculation method for rock slopes subject to flexural toppling failure[J]. International Journal of Rock Mechanics and Mining, 2018, 106: 319-328.

[98] 朱维申, 陈卫忠, 申晋. 雁形裂纹扩展的模型试验及断裂力学机制研究[J]. 固体力学学报, 1998(4): 75-80.

[99] 白世伟, 任伟中, 丰定祥, 等. 平面应力条件下闭合断续节理岩体破坏机理及强度特性[J]. 岩石力学与工程学报, 1999(6): 635-640.

[100] Lee H, Jeon S. An experimental and numerical study of fracture coalescence in pre-cracked specimens under uniaxial compression[J]. International Journal of Solids and Structures, 2011, 48(6): 979-999.

第 2 章

高烈度地震区陡倾顺层岩质边坡的动力响应与破坏机制

滑坡是世界范围内常见的地质灾害[1]。影响滑坡灾害的因素有很多，其中包括地震、降雨、冻融循环、高地应力和不良地质条件等[2-3]。其中，近年来地震已成为诱发滑坡灾害的主要因素之一[4]。由于复杂的地形地质条件和强震的耦合作用，岩质边坡的动态破坏演化过程和破坏模式非常复杂[5]。例如，在2008年汶川地震中，大光包滑坡中出现了大规模高速石抛射的特殊现象[6-7]。这与特殊的地形、地质条件和强震密切相关。因此，强震下复杂岩质边坡的动力失稳特性逐渐成为岩土工程领域的热门研究课题。

自2008年汶川地震以来，西南活动断裂带普遍进入地震运动活跃期[8]。其中包括2022年泸定6.8级地震、2015年尼泊尔8.1级地震、2014年鲁甸6.5级地震和2013年芦山7.0级地震[9-10]。其中，仅汶川地震引发的地质灾害就高达3万至5万起[11]。地震造成地表岩土体的松动破坏，导致中国西部山区出现大量地质环境相对脆弱的含裂隙山脉，易诱发大量地质灾害[12]。根据2017年茂县滑坡灾害的产生机理，发现1933年叠溪地震对其滑坡的发生起到了重要的促进作用[13]，说明大地震对后续地质灾害的影响持续时间较长。频繁的地震使原本完整的山体发生断裂，从而削弱岩体的完整性并进一步降低边坡的稳定性[14]。因此，高烈度地震区的特殊地质环境已成为西南地区岩质边坡动力稳定性评价和抗震加固设计必须考虑的重要前提条件。

关于岩质边坡的地震响应及失稳机制已取得显著的研究进展。然而，以往研究未充分考虑高烈度地震环境，难以实现复杂岩质边坡的动态破坏演化过程。同时，以往研究也未深入讨论强震作用下岩质边坡的失稳模式是否与连续地震运动下的失稳模式相同。本章以中国西南某高地震烈度区的顺层岩质边坡为例，结合振动台模型试验结果，采用离散元数值模拟方法对高地震烈度区顺层边坡的地质环境进行模拟，以研究顺层边坡在累积地震作用下的动力响应特征和失稳机理。同时，通过分析边坡的加速度时程和傅里叶谱，从时域和频域的角度研究边坡的动力放大及地震累积破坏效应，探讨边坡高程、坡表和软弱夹层对边坡动力响应特性的影响。

2.1 DEM数值模拟

2.1.1 案例分析

研究区域为海拔4000～4600m的高原山地侵蚀地貌，整体呈东北坡向，基本地震烈度为Ⅶ级。其边坡位于鲜水河活动断裂带和理塘断裂带之间，断裂带纵横交错。该地区曾发生过多次地震，包括1955年康定7.5级地震、1981年道孚6.9级地震以及1986年理塘5.6级地震。周边地区强烈的地震活动导致山体开裂和岩体松动，从而对边坡的稳定性产生不利影响。

根据地下水条件、含水介质特征、岩性及其组合，可将地下水分为两类：松散堆积孔隙水和基岩裂隙水。根据现场勘查和遥感图像（图 2-1）显示，边坡底部较陡，而坡中较为平缓。其坡度从中部到顶部逐渐增大，东部坡度较大，西部坡度较小。边坡高度为 130m，长度为 200m，宽度为 180m。其坡度范围为 15°～35°，坡向为 234°。在边坡的下游边界区域，基岩裸露，岩体呈层状结构，结构面层间存在大量的破碎岩块，中等风化程度。边坡岩层为三叠纪雅江组，岩性为板岩，走向和倾角分别为 217°、53°，且向外倾斜。边坡岩体中存在大量断裂状构造面，并有间歇延伸。

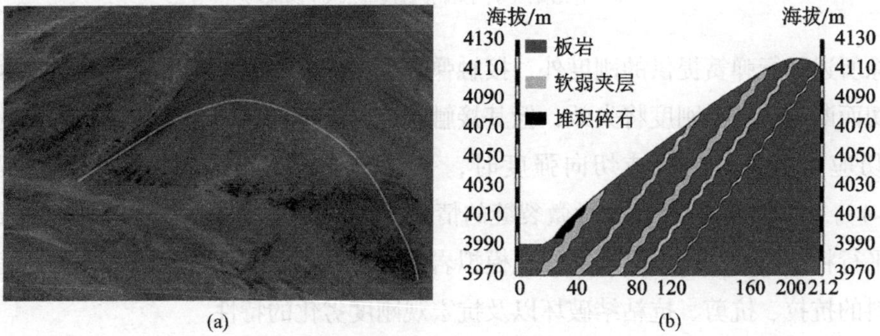

图 2-1　边坡地形

（a）现场照片；（b）地质剖面图

2.1.2　数值模型构建

在自然界中，岩体是由节理、结构面和岩石等不连续面组成的地质体。在长期复杂的地质条件下，岩体通常表现出不连续性和非均匀性。而节理、结构面和软弱夹层是岩体中强度较低的薄弱位置，易发生变形和破坏。当采用拟定的合成岩体方法，PFC 可以更好地模拟岩体及其力学性能[15-17]。合成岩体主要由颗粒间的平行粘结模型和离散元裂隙网络组成[18]（图 2-2），在外部荷载的作用下，岩石中的矿物颗粒之间发生相对位移，导致颗粒间发生胶结破坏，进而形成裂缝。其中平行粘结模型能够模拟岩石微观颗粒之间的接触[19-20]（图 2-3），有效地模拟了颗粒之间的粘结。其中，颗粒间的粘结被视为平行弹簧[21]。

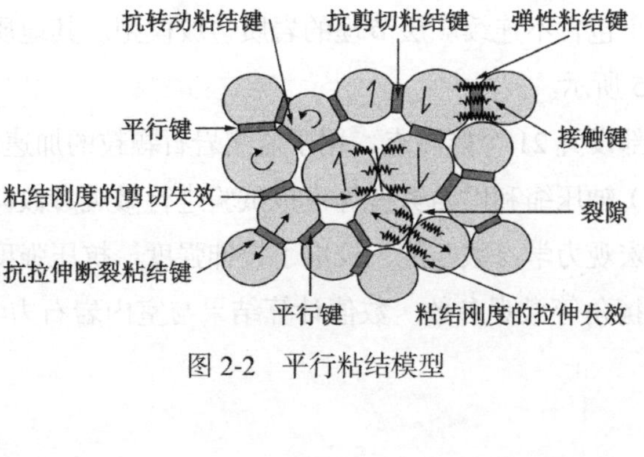

图 2-2　平行粘结模型

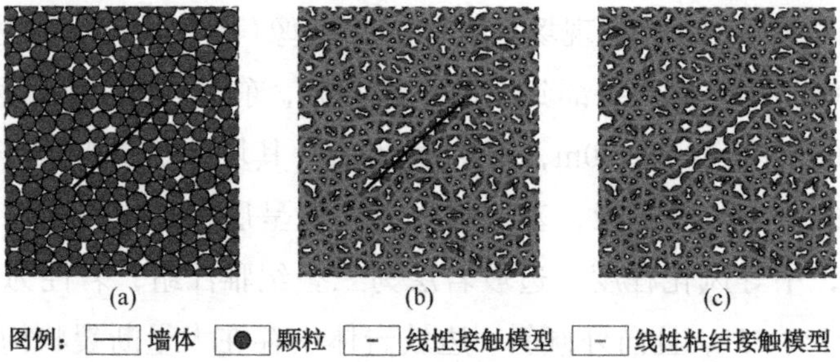

图 2-3　离散元裂隙网络[17]

（a）生成墙；（b）添加接触模型；（c）移除墙

除所述平行弹簧提供的刚度外，接触弹簧也可提供刚度。若颗粒间的粘结因拉伸或剪切而断裂，粘结刚度将失效，但其接触刚度仍能发挥作用。当粘结所承受的拉伸或剪切应力超过其法向或切向强度时，平行粘结便会发生拉伸或剪切断裂[22-23]（图 2-4）。在颗粒之间存在大量微裂缝的情况下，这些微裂缝会逐渐扩展形成宏观裂缝。平行粘结模型之所以能够更好地模拟岩体材料的力学特性，是因为充分考虑了岩体材料的抗拉、抗剪、抗粘结破坏以及抗宏观刚度劣化的特性。

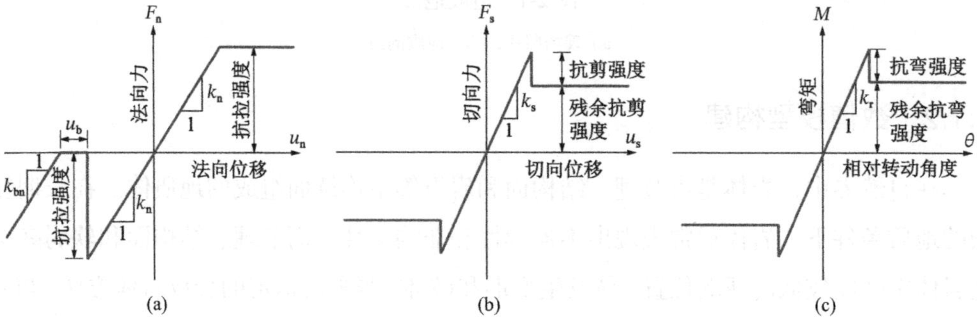

图 2-4　颗粒间接触模型的力学响应[17]

（a）法向方向；（b）切向方向；（c）转动方向

在构建岩质边坡的离散元模型时，通过在模型底部施加地震加速度时程曲线模拟地震动。同时引入黏性边界，在模型两侧的法向、切向方向以及底部设置阻尼器，防止地震波在模型边界发生反射。此外，鉴于实际岩质边坡地质结构的复杂性，经过归纳总结后构建了一个包含不连续顺层节理的岩质边坡模型。其地质结构模型及动力计算边界条件如图 2-5 所示。

在边坡模型内部设置 21 个监测点，用于监测岩石颗粒的加速度与位移等特征量。模型中通过单（双）轴压缩和巴西劈裂等模拟试验进行微观参数调整，并与室内试验中获得的常见岩石宏观力学参数匹配，校准了拉伸强度、抗压强度、弹性模量、泊松比、黏聚力和内摩擦角等微观参数。数值计算结果与室内岩石力学试验结果如图 2-6 所示。

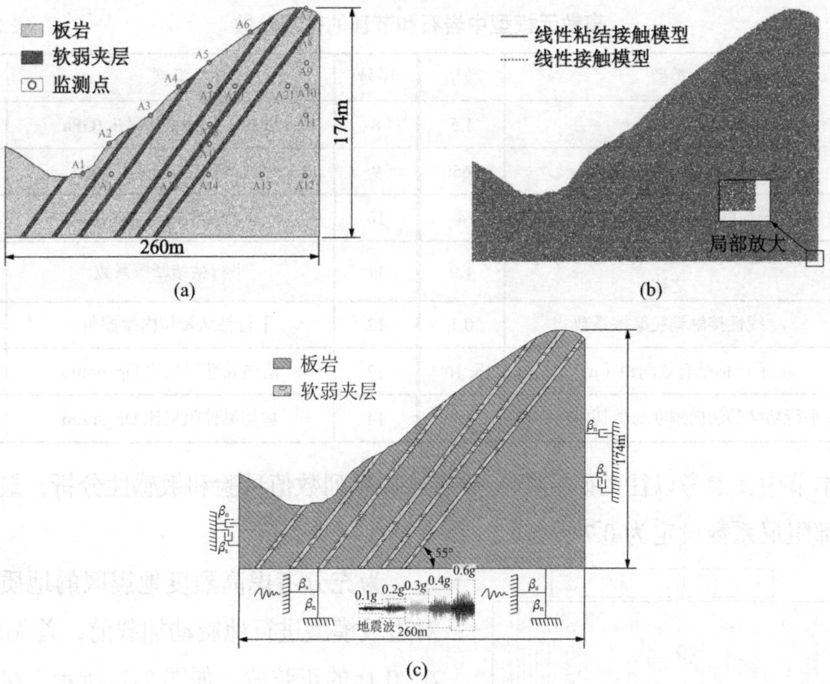

图 2-5　离散元模型

（a）边坡 DEM 模型；（b）接触模型；（c）边界条件设置和加载方法

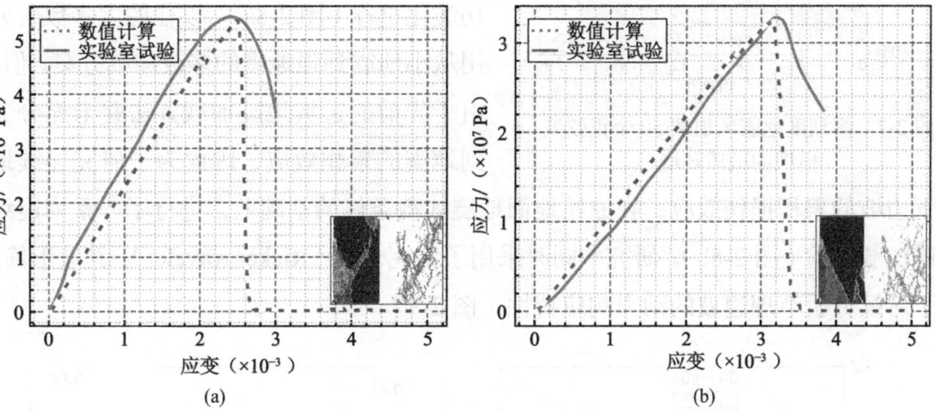

图 2-6　数值计算与实验室试验破坏模式的比较

（a）均质岩体；（b）节理岩体

对于节理岩体，其数值结果与试验结果一致。模拟的岩石宏观参数如表 2-1 所示，表 2-2 展示了离散元模型中岩质边坡颗粒流模型所采用的微观参数。

岩石边坡的物理力学参数　　表 2-1

岩性	材料密度ρ/（kg/m³）	泊松比μ	弹性模量E/GPa	内摩擦角φ/°	黏聚力c/kPa
岩石	2650	0.20	8.0	41.0	2090
软弱夹层	2500	0.32	0.9	29.8	4000

离散元模型中岩石和节理的微观参数　　表 2-2

序号	类型	数值	序号	类型	数值
1	粒径比	1.5	8	颗粒平行粘结模量E_b/GPa	8
2	颗粒密度/（kg/m³）	2650	9	平行粘结抗拉强度/MPa	8.6
3	颗粒线性接触模量E_c/GPa	4	10	平行黏附内聚力/MPa	3.4
4	线性接触颗粒的法向刚度与切向刚度之比	1.0	11	平行粘结摩擦系数	0.35
5	线性接触颗粒摩擦系数	0.1	12	平行粘结颗粒内摩擦角/°	2.1
6	平行粘结有效间距（m）	1×10^{-5}	13	法向黏性阻尼比 Dp_nratio	0.1
7	平行粘结的法向刚度与剪切刚度之比	1.2	14	剪切黏性阻尼比 Dp_sratio	0.1

在本节中，参考以往的研究[21]，并通过一系列数值试验和敏感性分析，最终将颗粒的局部阻尼系数设定为 0.7[22]。

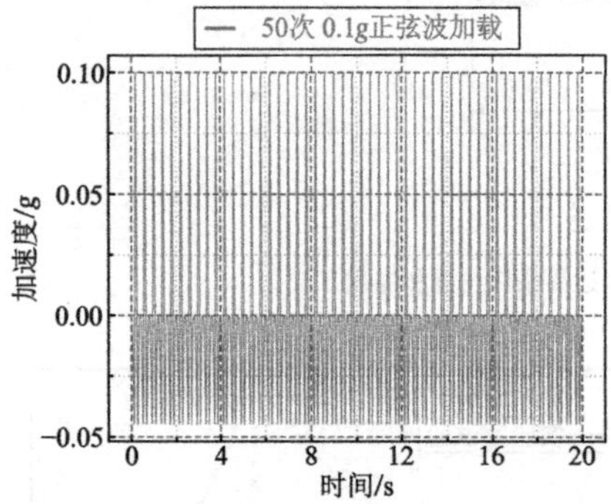

图 2-7　高烈度地震区加载 50 个正弦波模拟的地质环境

为充分考虑高烈度地震区的地质环境，对边坡模型进行地震动加载前，首先加载 50 次 0.1g的正弦波，如图 2-7 所示。接着，以 2008 年汶川地震波为加载波，选取 50～80s 的 WC 波研究连续地震下节理边坡的累积损伤演化过程（图 2-8a）。以往的大多数研究采用从小地震到强地震的多级加载方案。但是，由于先前的边坡地震加载方法并未充分考虑到地震的累积效应，因此为了研究连续地震动下边坡的累积损伤效应，在原始地面地震加载条件的基础上，进行了一系列连续的地震加载试验（图 2-8b）。研究中同时采用了雷克子波（Ricker wavelet），其波形简单，便于后续分析节理边坡的动力响应特性（图 2-9）。

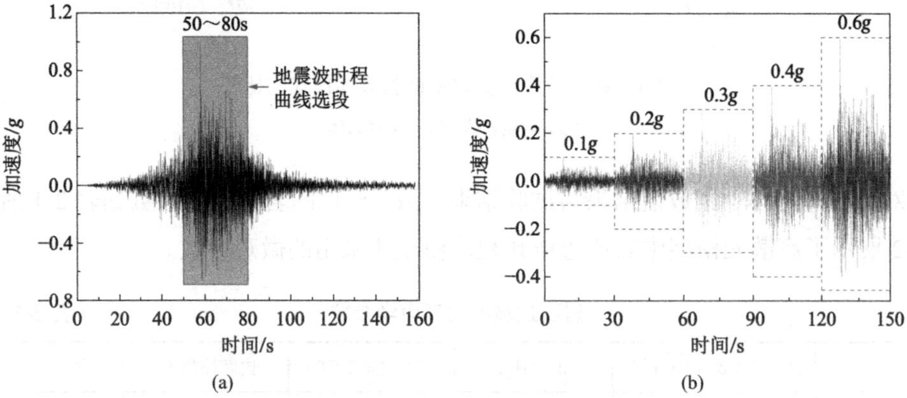

图 2-8　边坡失稳过程中的加载波形

（a）WC 波；（b）地震波连续加载方案

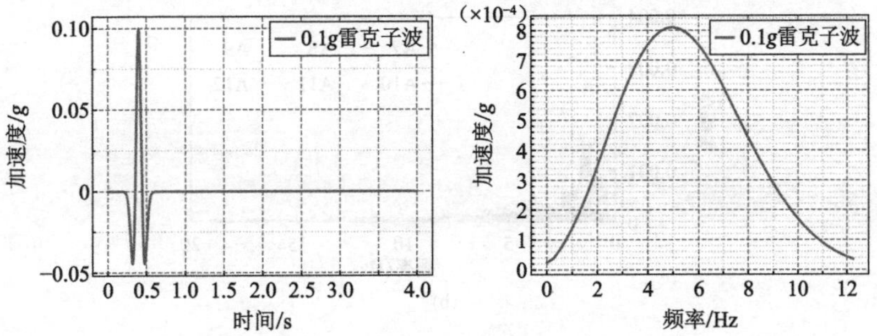

(a) (b)

图 2-9 采用雷克子波分析边坡的动力响应特性

（a）雷克子波；（b）傅里叶谱

2.2 高烈度地震区顺层边坡的动力响应特性

2.2.1 动力放大效应

通过对高烈度地震区岩质边坡地震波特性的分析，可以深入研究地形和地质条件对岩石边坡动力响应特性的影响。以输入水平向 0.1g雷克子波为例，各边坡典型测点的加速度时程曲线和傅里叶谱如图 2-10 所示。

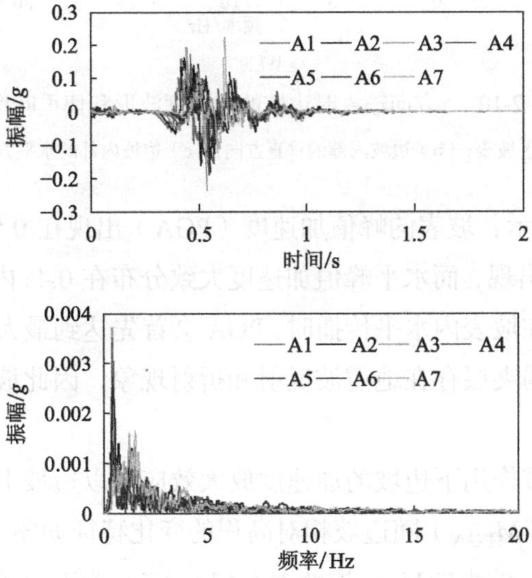

(a)

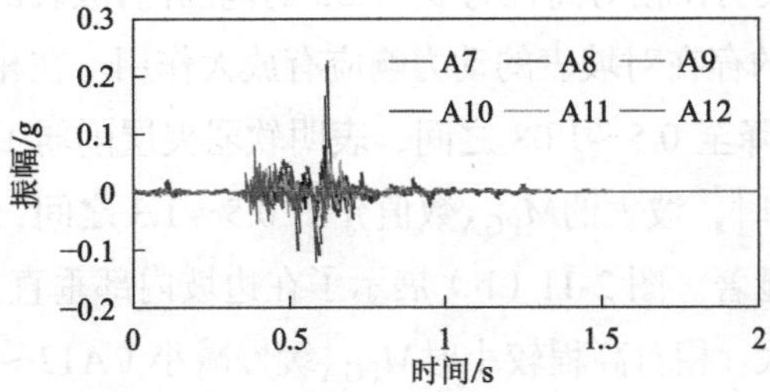

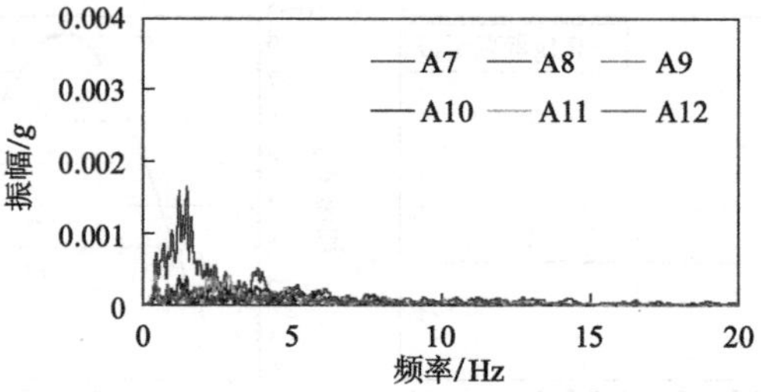

(b)

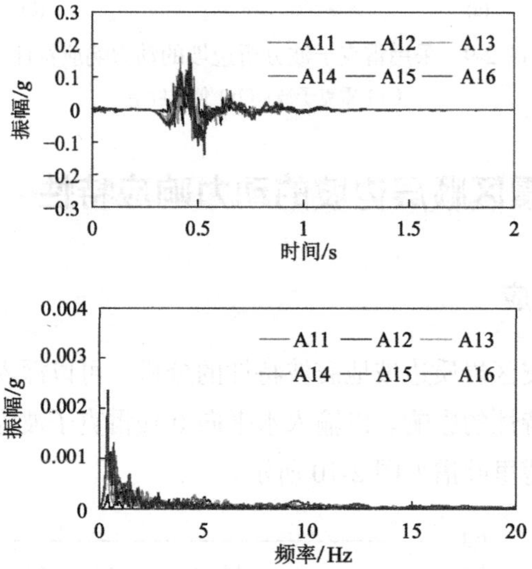

(c)

图 2-10　x方向输入时边坡的加速度波形和傅里叶谱

（a）坡表；（b）边坡内部的垂直方向；（c）边坡内部的水平方向

如图 2-10（a）所示，坡表的峰值加速度（PGA）出现在 0.5～0.6s 之间，垂直峰值加速度大约在 0.6s 出现，而水平峰值加速度大致分布在 0.4s 内。这表明当地震波从坡底传播到坡表以及在坡表内水平传播时，PGA 会首先达到最大值。从图 2-10 可以看出，由于坡表所含软弱夹层存在地震波反射和折射现象，因此坡表的加速度波形更为复杂。

为进一步分析地震作用下边坡的加速度放大效应，以边坡上的典型测点为例，其峰值加速度放大系数（M_{PGA}）随边坡相对高程的变化特征如图 2-11 所示。

图 2-11（a）显示：坡表的M_{PGA}先增大（A1～A3），随后减小（A3～A6），最终突然增大（A6～A7）。这表明在相对高程为 0～0.33 的范围内，坡表的M_{PGA}数值介于 1.0～1.08 之间，软弱夹层的存在对坡表的动力响应有放大作用。在相对高程为 0.33～0.82 时，坡表的M_{PGA}数值降至 0.5～1.08 之间，表明软弱夹层削弱了坡表的动力响应。在相对高程为 0.82～1.0 时，坡表的M_{PGA}数值介于 0.5～1.3 之间，软弱夹层对坡表动力响应的放大效应最为显著。图 2-11（b）展示了在边坡内部垂直方向上，M_{PGA}数值普遍随高程的增加而增大。相对高程较小时M_{PGA}缓慢减小（A12～A10），随后缓慢增大

（A10～A8），最后迅速增大（A8～A7）。特别是当相对高程达到 0.82～1.0 时，M_{PGA} 出现突增。这是因为测量点 A8 靠近软弱夹层，这表明软弱夹层对坡顶区域的动力响应有显著的放大作用。

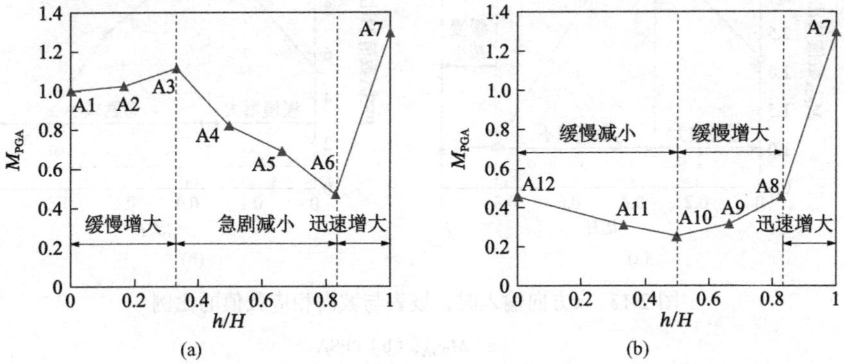

图 2-11　x方向输入时，边坡相对高程（h/H）处的M_{PGA}

（a）坡表；（b）边坡内部的垂直方向

此外，从图 2-10 可以看出，边坡不同测量点的峰值傅里叶谱振幅（PFSA）主要集中在 1～3Hz 区间，即边坡的固有频率为 1～3Hz。图 2-12 进一步显示了边坡不同测量点的 PFSA 随相对高程的变化情况。

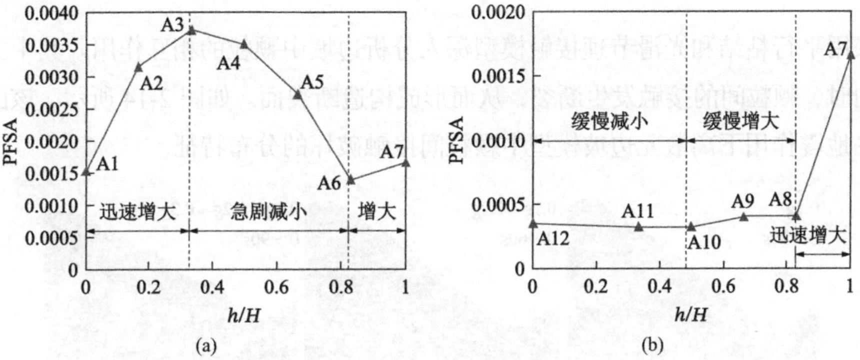

图 2-12　x方向输入时，边坡相对高程（h/H）处的 PFSA

（a）坡表；（b）边坡内部的垂直方向

由图 2-12 可知，随着相对高程的增加，坡表的 PFSA 呈先增后减再增的趋势，而边坡内部的 PFSA 在 0～0.82 的相对高程范围内呈缓慢增加趋势。在 0.82～1.0 的相对高程范围内，PFSA 突然升高。此外，PFSA 与M_{PGA}的变化趋势相吻合，这进一步验证了频域分析的可靠性。研究还发现软弱夹层对相对高程为 0～0.5 的边坡内部动力响应有一定的削弱作用，而对相对高程为 0.5～1.0 的边坡内部动态响应有一定的放大作用，且在 0.82～1.0 范围内放大作用最为明显。

此外，采用了相同高程处坡表的M_{PGA}、PFSA 与坡内的M_{PGA}、PFSA 数值之比对边坡的动力放大效应进行对比分析，如图 2-13 所示。

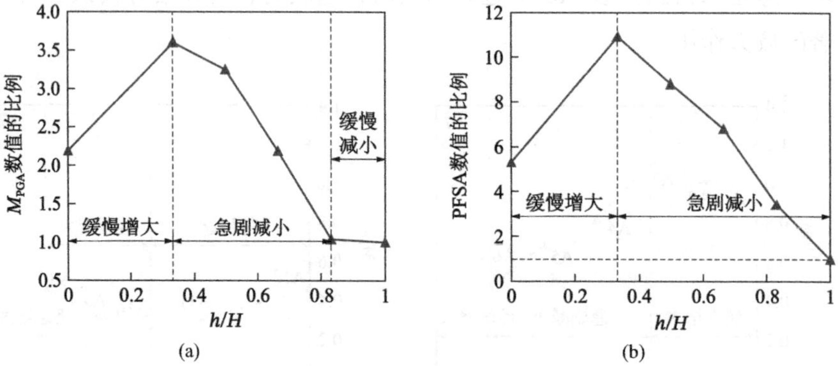

图 2-13　x方向输入时，坡表与坡内相应数值的比例

（a）M_{PGA}；（b）PFSA

当相对高程为 0～0.33 时，坡表的M_{PGA}、PFSA 与坡内的M_{PGA}、PFSA 数值之比迅速增大。而当相对高程介于 0.33～1.0 之间，该比值呈快速下降趋势。其中，坡表的M_{PGA}、PFSA 与坡内的M_{PGA}、PFSA 数值之比始终大于 1.0，这表明坡表的动力放大效应要强于坡内，并且当相对高程为 0.33 时，坡表的放大效应最为显著。

2.2.2　裂缝扩展演变

采用平行粘结和光滑节理接触模型深入分析边坡中颗粒的相互作用。其中当地震动作用时，颗粒间的接触发生断裂，从而形成构造断裂面。如图 2-14 所示，该图描绘了水平地震作用下离散元边坡模型中颗粒间接触破坏的分布特征。

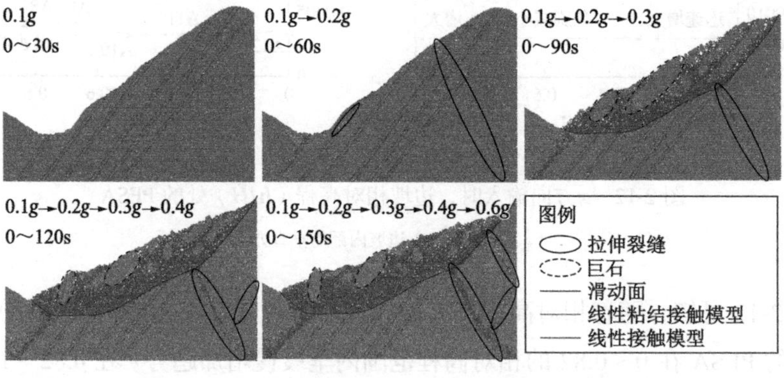

图 2-14　DEM 模型中颗粒接触破坏的分布特征

先对边坡模型施加 50 次 0.1g正弦波荷载的预处理，以模拟高烈度地震区特有的地质环境。在此基础上继续施加地震动作用。当输入的地震动作用为 0.1g（持续 0～30s）时，边坡模型中未出现明显的颗粒接触破坏现象，仅坡表出现少量颗粒破坏。当地震动作用增加至 0.2g（持续 0～60s），边坡内部及下部软弱夹层中的颗粒接触开始发生破坏，

软弱夹层和边坡模型中逐渐形成裂缝。当地震动作用进一步提升至 0.3g（持续 0～90s）时，坡表颗粒的接触破坏显著加剧，并逐渐汇聚形成滑体。当地震动作用达到 0.4g（持续 0～120s）时，滑体内颗粒的接触破坏进一步恶化，导致边坡模型的破坏程度随之加深。当地震动作用为 0.6g（持续 0～150s）时，滑体出现了大规模破坏。

在整个地震动加载过程中，随着滑体的逐渐形成，滑体内部中存在几个区域未发生颗粒接触破坏，这说明滑体并未完全破坏，其中可能嵌有巨石。这一现象的产生和边坡复杂地质条件的相互作用密切相关。由于地震造成的边坡内部破坏，地震波在碎石和软弱夹层中传播时发生了复杂的折射与反射，导致部分区域地震波能量被抵消或减弱，从而未引发大规模的地震能量释放，这成为巨石得以保留的重要原因之一。

为进一步研究地震作用下边坡中裂缝扩展的演变过程，图 2-15 展示了边坡的粘结破坏分布特征。当地震强度为 0.1g（0～30s）时，剪切裂缝和拉伸裂缝主要出现在坡脚和坡体内部，但裂缝数量总体较少。当地震强度增至 0.2g（0～60s）时，坡体内部的裂缝数量进一步增加，但坡面并未集中出现裂缝。当地震强度达到 0.3g（0～90s）时，坡面裂缝数量急剧上升，滑体逐渐形成，并逐渐形成滑动带。随着地震强度提升至 0.4g（0～120s），坡面裂缝数量继续增加，滑体的不稳定规模进一步扩大。当地震加速度达到 0.6g（0～150s）时，裂缝逐渐集中于滑体的中下部，说明坡面发生了整体性滑动破坏。其中，拉伸裂缝在总裂缝数量中占比较大，因此边坡失稳主要以拉伸破坏为主。同时，边坡中存在几个无裂缝的局部区域，这表明滑体中存在巨石，与图 2-14 的分析结果一致。

基于斜坡颗粒接触破坏和裂缝分布特征的分析，可以看出：在（0～0.3）g的地震动作用下，边坡中的颗粒接触破坏和裂缝数量较少，且未集中在坡面，属于裂缝初始阶段。在（0.3～0.4）g的地震动作用下，颗粒接触破坏和裂缝急剧增加，该现象主要集中在坡面，且逐渐形成滑体和滑动带。而在（0.4～0.6）g时，坡面的颗粒接触破坏和裂缝进一步增加，逐渐出现整体破坏。

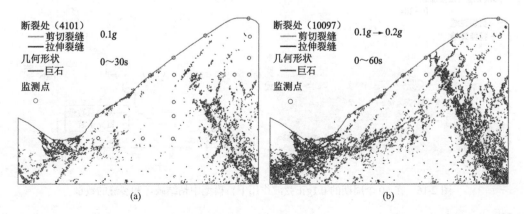

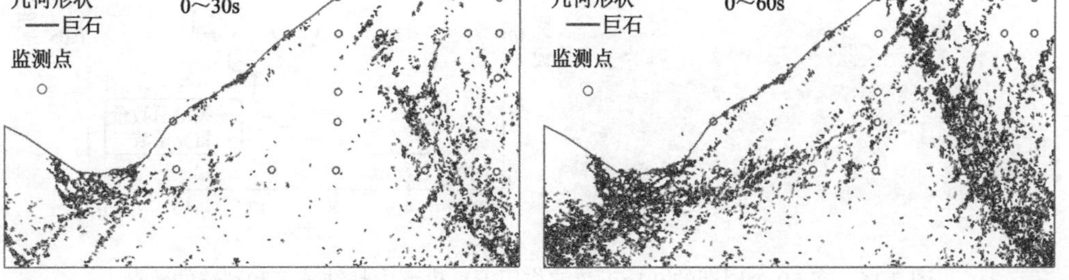

(a)　　(b)

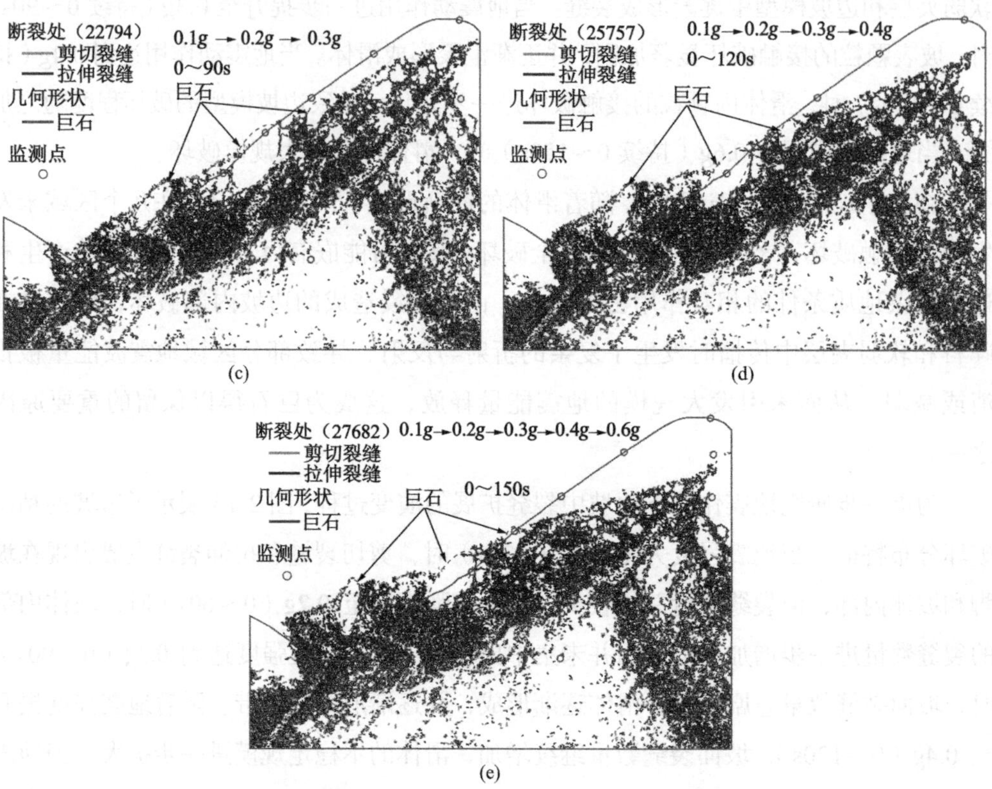

图 2-15　*x*方向输入时模型中粘结破坏的演化

（a）0.1g；（b）0.1g→0.2g；（c）0.1g→0.2g→0.3g；（d）0.1g→0.2g→0.3g→0.4g；（e）0.1g→0.2g→0.3g→0.4g→0.6g

2.2.3　地震动力损伤演化规律

为研究高烈度地震区域顺层边坡的动力损伤演化过程，首先对模型加载 50 次 0.1g 正弦波荷载，以模拟高烈度地震区的地质环境。其中，边坡的裂缝变化情况如图 2-16 所示。

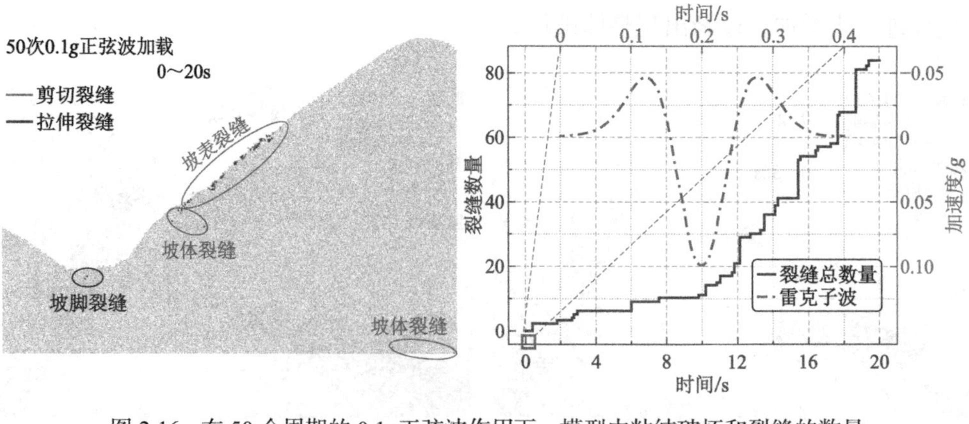

图 2-16　在 50 个周期的 0.1g正弦波作用下，模型中粘结破坏和裂缝的数量

在连续地震动作用下，边坡表面逐渐生成裂缝，但总体数量较少。在此基础上，继续施加地震动作用，裂缝变化情况如图 2-17 所示。

由图 2-17 可以看出，在阶段 1［（0～0.2）g］中，边坡裂缝数量逐渐增多，但边坡本身并未出现明显的变形。进入阶段 2［（0.2～0.3）g］后，边坡的裂缝数量急剧增加，且边坡出现弹塑性变形。至阶段 3［（0.3～0.6）g］，边坡裂缝增长速率减缓并逐渐趋于稳定，这标志着边坡出现整体滑动破坏。

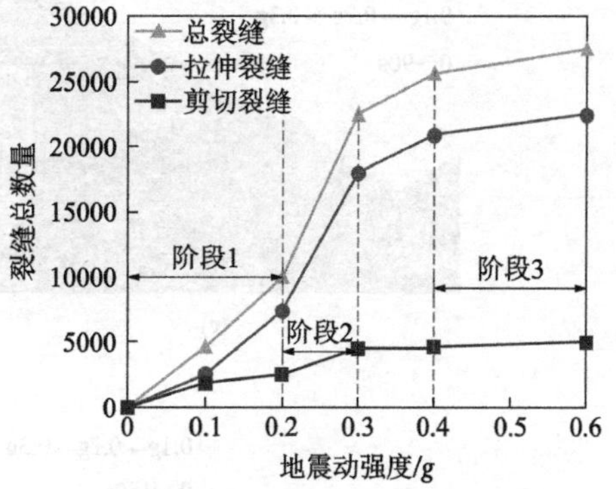

图 2-17　裂缝数量与地震动强度之间的关系曲线

因此，边坡失稳过程可细分为三个阶段：第 1 阶段［（0～0.2）g］为裂缝起始阶段，第 2 阶段［（0.2～0.3）g］为裂缝扩展阶段，第 3 阶段［（0.3～0.6）g］为滑动失稳阶段。

2.2.4　边坡致灾演化过程

地震作用下顺层岩质边坡变形失稳过程的数值模拟结果如图 2-18 所示。可以看出，当地震动强度为 0.1g时，顺层边坡表面仅出现少量颗粒剥落现象；当地震动强度增至 0.2g时，坡面的颗粒剥落现象较为明显，且颗粒开始沿坡面向坡脚移动，但颗粒的最大位移普遍小于 5dm；当地震动强度增至 0.3g时，坡面颗粒位移突然增大，滑动带开始逐渐形成；滑动带中的颗粒位移约为 15dm，坡面上颗粒的最大位移增加至 50dm；在地震动强度为 0.4g时，滑动带的颗粒位移进一步增大；直至地震动强度达到 0.6g时，边坡表面展现出明显的不稳定滑动破坏特征。值得注意的是，滑坡面并非圆弧状，而是沿着软弱夹层逐渐扩大。

在离散元模型中，边坡颗粒间的连接受内黏聚力和摩擦系数的影响。当颗粒间的剪切应力或拉伸应力超过其黏聚力时，颗粒间的粘结力将消失，从而在边坡上形成裂缝。随着地震动强度的增加，边坡上的应力集中会逐渐增大。颗粒间的初始黏聚力减弱，裂缝进一步扩展，并逐渐形成滑动面。当局部地震动达到一定值时，边坡即发生整体破坏。

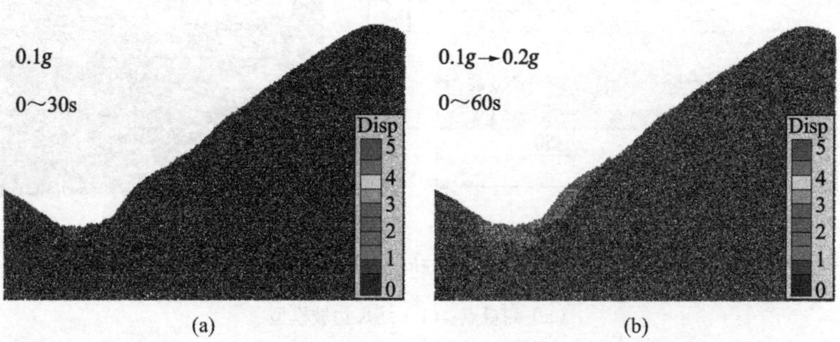

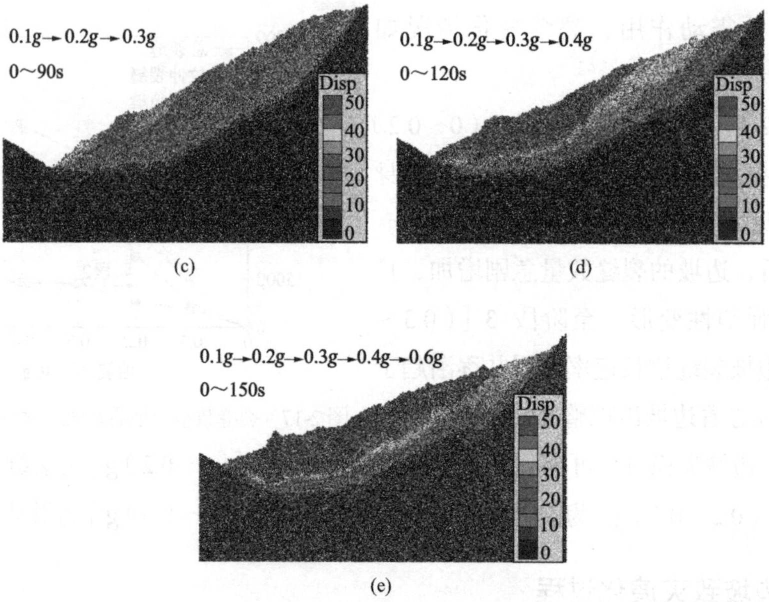

图 2-18 *x*方向输入地震波时模型中位移分布的演变（单位：dm）

（a）0.1g；（b）0.1g→0.2g；（c）0.1g→0.2g→0.3g；（d）0.1g→0.2g→0.3g→0.4g；（e）0.1g→0.2g→0.3g→0.4g→0.6g

2.3 基于振动台模型试验的顺层岩质边坡动力响应研究

文献[24]详细阐述了振动台试验的参数设定及边坡模型的设计方案。边坡模型的尺寸如图 2-19（a）所示。其中，模型与原型之间的比例尺为 1∶150，该模型的几何尺寸为 1413mm × 800mm × 1000mm（长 × 宽 × 高）。模型内软弱夹层的厚度为 50mm，相邻夹层之间的间距为 150mm。在构建边坡模型时，基岩与软弱夹层均采用现场浇筑的方式，施工完成后的边坡模型如图 2-19（b）所示。

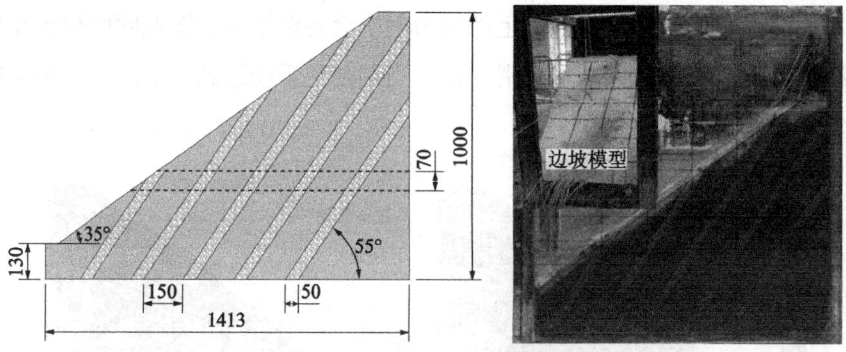

图 2-19 振动台模型试验

（a）测量点；（b）缩尺边坡模型

为研究边坡在不同地震振幅及加载方向下的动力响应、变形和破坏，本节研究通过生成 80 余次振幅小于 0.04g的微震模拟了高烈度地震区域的地质环境。在地震动加载方案中，采用振幅从 0.2g到 0.3g、0.4g和 0.5g逐渐增大的正弦波，全面考察边坡的动力响应特性，如图 2-20 所示。

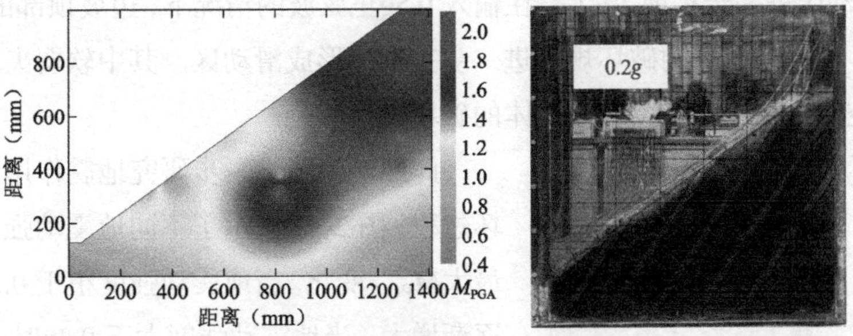

(a)

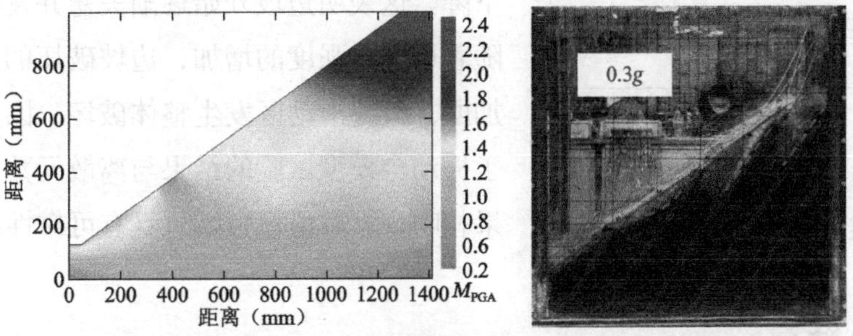

(b)

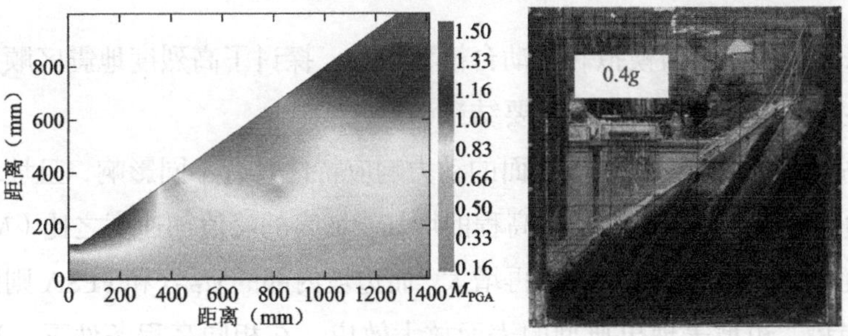

(c)

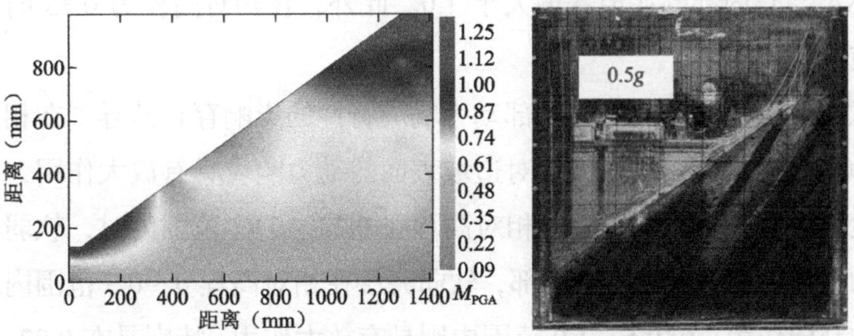

(d)

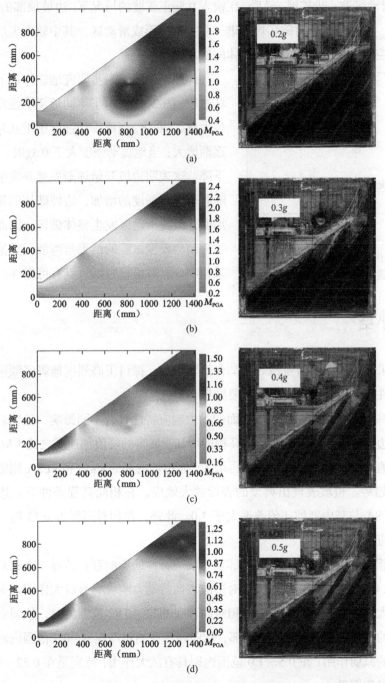

图 2-20　输入x方向正弦波时振动台试验中边坡的M_{PGA}分布

（a）0.2g；（b）0.2g→0.3g；（c）0.2g→0.3g→0.4g；（d）0.2g→0.3g→0.4g→0.5g

在输入 0.2g正弦波的情况下，边坡模型的M_{PGA}随高程的增加而逐渐增大，边坡顶部的最大M_{PGA}约为 2.2，且边坡无明显变形。当输入 0.3g正弦波时，边坡顶部的最大M_{PGA}约为 2.4，裂缝逐渐向边坡和软弱夹层扩展，形成滑动面，边坡局部区域出现破坏和失效。当输入 0.4g正弦波时，边坡顶部的最大M_{PGA}约为 1.5，边坡表面出现大规模破坏，滑动区进一步扩展。最后，在输入 0.5g正弦波的情况下，边坡顶部的最大M_{PGA}约为 1.25。坡表与滑体的破坏规模进一步扩大，形成滑动区。其中软弱夹层在滑体的形成中起控制作用，并直接影响滑体的破坏模式。

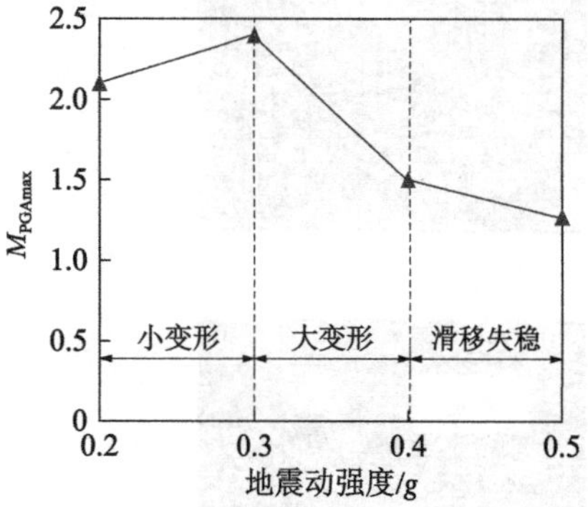

图 2-21　振动台试验中最大M_{PGA}随地震动强度变化的变化

此外，为了进一步研究地震作用下边坡的破坏过程，图 2-21 展示了不同地震动强度下边坡的最大M_{PGA}变化。当地震动强度小于 0.3g时，M_{PGA}逐渐增大；当地震动强度大于 0.3g时，M_{PGA}突然下降。这表明边坡开始逐渐失稳并发生破坏，且随着地震动强度的增加，边坡破坏的规模进一步加剧，最终滑动区发生整体破坏。因此，这表明了振动台模型试验的结果与离散元数值模拟的结果相吻合，数值模拟结果具有可靠性。

2.4 小结

本章采用离散元数值模拟和振动台模型试验，探讨了高烈度地震区顺层边坡的动力响应特性及其失稳演化过程。主要结论如下：

（1）高程对边坡内部与边坡表面的动力响应特性具有不同影响，且坡表的高程放大效应较边坡内部更为显著。随着高程的增加，坡表的峰值加速度之比（M_{PGA}）和傅里叶谱峰值（PFSA）先增大后减小再增大。而边坡内部的M_{PGA}和 PFSA 则随高程增加呈现增加趋势。边坡表现出典型的表面放大效应，在相同高程条件下，边坡表面的M_{PGA}、PFSA 与其内部的比值普遍大于 1.0。此外，在相对高程为 0.33 时，边坡表面的放大效应达到最大值。

（2）软弱夹层对边坡表面与内部动力响应特性的影响存在差异。在相对高程范围 0～0.33 和 0.82～1.0 内，软弱夹层对边坡表面的动力响应具有放大作用，尤其在后一范围内放大效应最为显著。然而当相对高程在 0.33～0.82 范围内时，软弱夹层削弱了边坡内部的动力响应。对于边坡内部，软弱夹层在相对高程 0～0.5 范围内对动力响应具有一定的减弱作用，在 0.5～1.0 范围内则具有放大作用，特别是在 0.82～1.0 范围内放大效应最为明显。

（3）边坡的颗粒间接触破坏与裂缝扩展情况表明：当地震动强度为 0.1g（0～30s）

时，边坡底部和内部出现的裂缝较少。当地震动强度增至 0.2g（0～60s）时，边坡内部出现新的裂缝并开始扩展。当地震动强度达到 0.3g（0～90s）时，边坡表面的裂缝数量急剧增加，并逐渐形成滑体。随着地震动强度提升至 0.4g（0～120s），边坡表面的裂缝数量进一步增加，滑体的不稳定规模也随之扩大。直至地震动强度达到 0.6g（0～150s）时，边坡表面发生整体滑动破坏。在此过程中，拉伸破坏是主要的不稳定模式，地震波与边坡复杂地质条件的相互作用导致滑体中出现了巨石。边坡的失稳可分为三个阶段：阶段 1［（0～0.2）g］为裂缝起始阶段，阶段 2［（0.2～0.3）g］为裂缝扩展阶段，阶段3［（0.3～0.6）g］为滑动失稳阶段。

参考文献

[1] Chen Z, Song D. Numerical investigation of the recent Chenhecun landslide(Gansu, China)using the discrete element method[J]. Nat Hazards, 2020, 105(1): 717-733.

[2] Losen J, Rizza M, Nutz A, et al. Repeated failures of the giant Beshkiol Landslide and their impact on the long-term Naryn Basin floodings, Kyrgyz Tien Shan[J]. Geomorphology, 2024, 453: 109121.

[3] Saurav K, Aniruddha S. Physical model-based landslide susceptibility mapping of himalayan highways considering the coupled effect of rainfall and earthquake[J]. Nat Hazards Review, 2024, 25(3): 04024013.

[4] Scaringi G, Fan X, Xu Q, et al. Some considerations on the use of numerical methods to simulate past landslides and possible new failures: the case of the recent Xinmo landslide(Sichuan, China)[J]. Landslides, 2018, 15: 1359-1375.

[5] Wang C W, Liu X L, Song D Q, et al. Numerical investigation on dynamic response and failure modes of rock slopes with weak interlayers using continuum-discontinuum element method[J]. Frontiers, 2021, 9: 791458.

[6] Cui S H, Pei X J, Huang R Q. Effects of geological and tectonic characteristics on the earthquake-triggered Daguangbao landslide, China[J]. Landslides, 2018, 15(4): 649-667.

[7] Luo X, Wang C, Long Y, et al. Analysis of the decadal kinematic characteristics of the daguangbao landslide using multiplatform time series InSAR observations after the wenchuan earthquake[J]. Journal of Geophysical Research: Soild Earth, 2020, 125(12): e2019JB019325.

[8] Yin Y, Li B, Wang W. Dynamic analysis of the stabilized Wangjiayan landslide in the Wenchuan Ms 8.0 earthquake and aftershocks[J]. Landslides, 2015, 12: 537-547.

[9] Bhandary N P, Paudyal Y R, Okamura M. Resonance effect on shaking of tall buildings in Kathmandu Valley during the 2015 Gorkha earthquake in Nepal[J]. Environmental Earth Sciences, 2021, 80: 1-16.

[10] Ma S, Shao X, Xu C, et al. Distribution pattern, geometric characteristics and tectonic significance of landslides triggered by the strike-slip faulting 2022 Ms 6. 8 Luding earthquake[J]. Geomorphology, 2024, 453: 109138.

[11] Chigira M, Wu X, Inokuchi T, et al. Landslides induced by the 2008 wenchuan earthquake, Sichuan,

China[J]. Geomorphology, 2010, 118(3-4): 225-238.

[12] Li L Q, Ju N P, Zhang S, et al. Seismic wave propagation characteristic and its effects on the failure of steep jointed anti-dip rock slope[J]. Landslides, 2019, 16: 105-123.

[13] Zhu L, Cui S, Pei X, et al. Experimental investigation on the seismically induced cumulative damage and progressive deformation of the 2017 Xinmo landslide in China[J]. Landslides, 2021, 18: 1485-1498.

[14] Wang H L, Liu S Q, Xu W Y, et al. Numerical investigation on the sliding process and deposit feature of an earthquake-induced landslide: a case study[J]. Landslides, 2020, 17(11): 2671-2682.

[15] Itasca Consulting Group Inc. PFC2D Particle Flow Codc. FISH in PFC[Z]. Minneapolis, 2002.

[16] Itasca Consulting Group Inc. PFC Manual, Version 5.0[Z]. Minneapolis, 2014.

[17] Song D Q, Zhang S, Liu C, et al. Cumulative damage evolution of jointed slopes subject to continuous earthquakes: Influence of joint type on dynamic amplification effect and failure mode of slopes[J]. Computers and Geotechnics, 2024, 166: 106016.

[18] Cundall P A, Strack P D L. A discrete numerical model for granular assemblies[J]. Geotechnique, 1979, 29: 47-65.

[19] He J, Xiao L, Li S, et al. Study of seismic response of colluvium accumulation slope by particle flow code[J]. Granular Matter, 2010, 12(5): 483-490.

[20] Mehranpour M H, Kulatilake P H S W. Improvements for the smooth joint contact model of the particle flow code and its applications[J]. Computers and Geotechnics, 2017, 87: 163-177.

[21] Bian K, Liu J, Hu X J, et al. Study on failure mode and dynamic response of rock slope with nonpersistent joint under earthquake[J]. Rock and Soil Mechanics, 2018, 39(8): 3029-3037.

[22] 胡训健, 卞康, 李鹏程, 等. 水平厚层状岩质边坡地震动力破坏过程颗粒流模拟[J]. 岩石力学与工程学报, 2017, 36(9): 2156-2168.

[23] Hu X, Gong X, Hu H, et al. Cracking behavior and acoustic emission characteristics of heterogeneous granite with double preexisting filled flaws and a circular hole under uniaxial compression: Insights from grain-based discrete element method modelling[J]. Bulletin of Engineering Geology and the Environment, 2022, 81(4): 162.

[24] Shi W P, Zhang J W, Song D Q, et al. Dynamic response characteristics and instability mechanism of high-steep bedding rock slope at the tunnel portal in high-intensity seismic region[J]. Rock Mechanics and Rock Engineering, 2023, 57(2): 827-849.

第 3 章

地震及降雨作用下含断裂带岩质边坡的动力响应与损伤演化研究

随着“交通强国”及“一带一路”等倡议的实施，我国的大型基础设施建设不断加快推进。随之而来的各类滑坡灾害会对工程施工及人民生命财产安全造成重要影响[1]。同时，我国受环太平洋和地中海-喜马拉雅地震带的影响，导致地震烈度 7 度及以上区域占我国国土面积的 41%，6 度及以上地区占国土面积的 79%，其中尤以西部高原地震带响应强烈[2]。高烈度地震带山区地形复杂，频繁地震导致边坡产生了一定程度的损伤变形，更易在内外力作用下诱发滑坡灾害，尤其是地震或降雨滑坡是西部地区主要的地质灾害之一[3]。

目前，许多研究人员对地震灾区滑坡进行了相关调查。例如，2008 年汶川大地震之后，部分山区出现持续性强降雨，二者共同作用下形成大量山体滑坡[4]。2017 年四川省茂县新磨村滑坡，是由于历史上多次地震的累积损伤效应导致边坡岩体劣化严重，在频繁地震、强降雨与复杂地质条件相互耦合作用下最终导致大规模的岩体滑坡[5]。大量地震滑坡灾害事件表明，地震和降雨对滑坡的触发不是孤立关系，而是相互耦合关系。在地震作用后，如果降雨持续时间较长或在长期降雨后发生地震，发生山体滑坡的危险系数将会增加。

我国西部山区多频繁地震，并伴有周期性强降雨。同时，西部山区大多分布为复杂岩质边坡，因其所处区域的工程地质条件和地质构造复杂，且内部往往发育有大量的节理裂隙、软弱夹层及断层等不利地质因素，导致边坡失稳破坏模式多样，失稳原因复杂。因此，强震与降雨共同作用下复杂岩质边坡的动力响应特征和损伤演化规律值得深入探究。

本章以研究区域边坡为例设计完成了大型振动台试验，并通过分析边坡内部的峰值加速度 PGA、傅里叶谱、固有频率、Hilbert 和边际谱探究了含复杂地质边坡的动力响应规律；基于时域-频域-时频域参数进一步分析探讨了边坡模型的损伤演化规律，并通过弹性波理论、位移时程以及固有模态函数(IMF)推导了边坡地震瞬时损伤评估系数。本章内容可加深对地震-降雨共同作用下复杂边坡的动力响应特征和失稳机制的理解，对边坡损伤识别、智能监测及精准防护等具有一定的工程实践意义。

3.1 多级动荷载下岩石动力特性与能量演化规律

3.1.1 水文地质及工程地质特征

研究区域位于中国西南山岭地区，地貌上属高山峡谷地貌。两侧山体陡峭，坡体表面发育多条冲沟，自然坡度为 38°～45°，地表绝对海拔为 3310～4010m，相对高差 700m 左右。研究区域内地表水主要为澜沧江水系和澜沧江一级支流。其水系属羽毛状水系，两侧岸坡陡，河床窄，两侧支沟众多。水量主要来自雨水补给，其次是地下水和冰雪融水补给。

研究区域边坡地貌及裂隙岩体如图 3-1 所示。区域内边坡的平面形态整体呈“舌状”，坡度 38°～45°，坡向 200°，左右以冲沟为界，前缘以坡脚为界，后缘高程 3880m，前缘宽 530m，长 680m，前后缘高差 600m。坡体表面冲沟纵横，坡体表面局部位置为薄层碎石土和细角砾土，大部分位置出露古-中元古界黑云二长花岗岩，坡体中上部有一条厚约 10m 的压碎岩带。坡表基岩呈碎裂状结构，受风化卸荷作用强烈，节理裂隙发育，岩质较硬。受区域澜沧江地质构造作用的影响，岩体发生片理化、千枚理化，岩体完整性较差，破碎层厚度变化较大，风化层厚约 15m。坡脚处有块石、岩屑分布。由于结构面相互组合，地震及周期性降雨等外界因素叠加作用下，导致该区域的裂隙易进一步扩展最终贯通，从而造成失稳破坏。

图 3-1　研究区域边坡裂隙岩体

3.1.2　动荷载作用下岩石变形特性分析

研究中所采用的岩石(花岗岩及片麻岩)试样均取自西部研究区域，并已按照《工程岩体试验方法标准》GB/T 50266—2013[6]加工成$\phi 50 \times 100$mm 的标准圆柱体试样，并对岩石试样的尺寸和初始状态分别进行测量记录和拍照录像（图 3-2）。为避免边坡岩体裂隙对钻选的标准试样结果的离散性影响，本试验的岩样均取自同一区域岩块。同时，对加工后的标准岩石试样进行了单轴压缩、直剪试验等室内岩石力学试验，并获得了两种岩性岩石的基本物理力学参数，如表 3-1 所示。

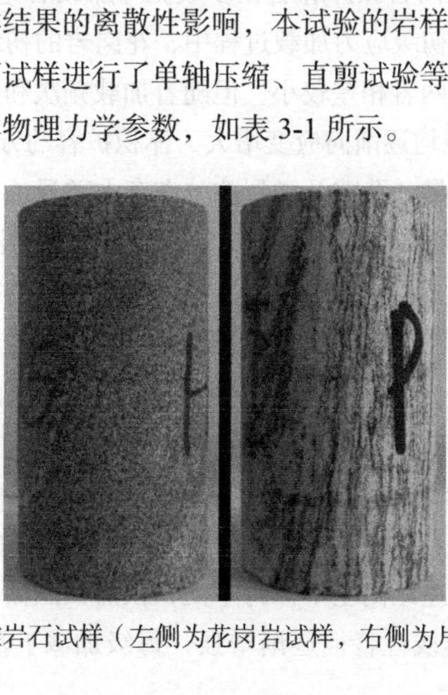

图 3-2　标准岩石试样（左侧为花岗岩试样，右侧为片麻岩试样）

岩石试样的基本物理力学参数　　表 3-1

岩性	密度/（g/cm³）	抗压强度/MPa	抗拉强度/MPa	黏聚力/MPa	内摩擦角/°
花岗岩	2.79	121.86	9.31	8.43	43.35
片麻岩	2.72	163.73	7.93	13.3	49.1

本次试验主要模拟地震动作用下对两类岩体动力学特性的影响规律。考虑实际地震时程在峰值之前，其动主应力是逐渐增大的，因此本章选择多级动荷载进行加载试验。此外，考虑地震波（El 波等）的实际卓越频率一般在 0～5Hz，并根据前人研究[7-8]的矩形波、正弦波和三角形波对岩石循环加载的影响规律，本节动加载过程主要采用 0.2Hz 的正弦波来实现循环应力加载。其加载示意图如图 3-3 所示。

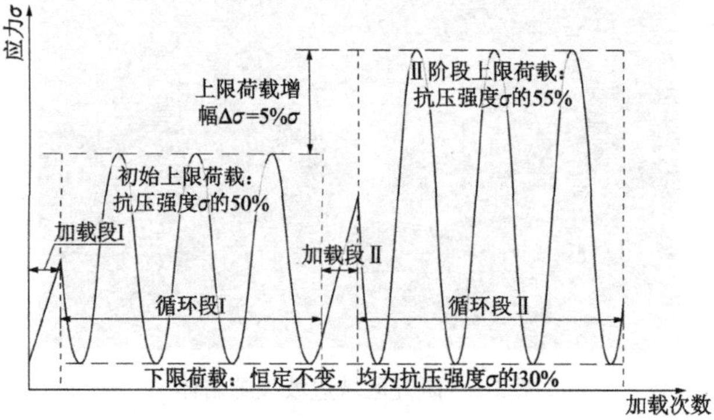

图 3-3　循环加载示意图

由图 3-3 可知，本次试验两种岩性试样均采用多级应力循环加载，初始动加载上限应力为单轴抗压强度的 50%，下限应力恒定为抗压强度的 30%。每级循环次数为 50 次，每次循环结束后自动进入下一级循环，每级循环加载上限应力增幅均为抗压强度的5%。

图 3-4 分别给出了花岗岩和片麻岩在多级循环加载后完整的轴向/横向应变-应力曲线。从图中可以看出在初级应力加载过程中，花岗岩的初级应变为 2.52‰，而片麻岩的初级应变为 2.48‰，两者相差较小。但随着加载频次和上限应力的增大，花岗岩和片麻岩的应力-应变曲线均逐渐向应变增大，体积扩容的方向发展。

由于岩石内部成分含量、孔隙及微裂隙分布存在差异，是一种典型的非均匀性材料，其在不同应力的循环加卸载作用下会产生一定的应变时滞现象，从而形成应力-应变曲线滞回圈。为便于分析及数据统计，以每级加载循环的第 5 次滞回圈曲线为分析对象，对两种岩性岩石的滞回圈发展规律进行研究。花岗岩和片麻岩在不同循环次数和上限应力下的滞回圈变化情况如图 3-5 所示。可以看出，随着循环次数的增加，滞回圈均逐渐向右移动，即向应变增大方向移动。这表明随着上限应力及加载次数的增加，岩石试样本身的不可恢复形变逐渐增大。同时，花岗岩和片麻岩的初级滞回圈均呈现“尖叶状”[9]，说明在动加载过程中应变始终滞后于应力。但花岗岩在循环加卸载过程中，滞回圈形状和相差距离基本保持不变，仅滞回圈面积逐渐增大，说明随着加载过程，花岗岩本身的非线性特征逐渐增强，每级加载下塑性变形基本保持不变。

片麻岩在加卸载过程中，滞回圈形状由“尖叶状”逐渐转变为“椭圆状”，其形状越来越饱满圆润，并且滞回圈距离呈现“疏-密-疏”的变化趋势，说明片麻岩在初期上限应力较低时，塑性应变较小；当上限应力逐渐增大时，片麻岩的不可恢复塑性变形量会急剧增加，非线性变形特性会显著增强。

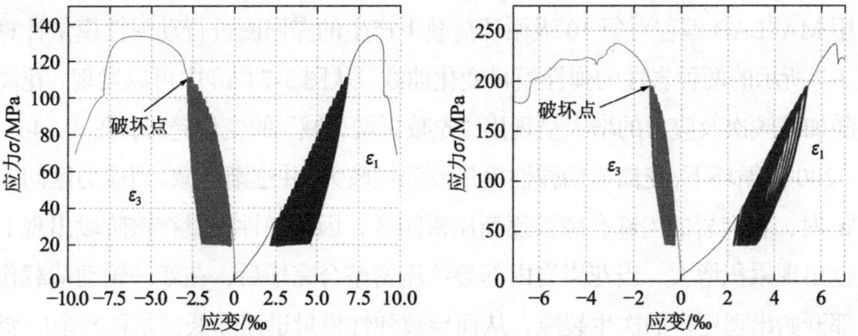

(a)　(b)

图 3-4　岩石试样的应力-应变曲线

(a) 花岗岩；(b) 片麻岩

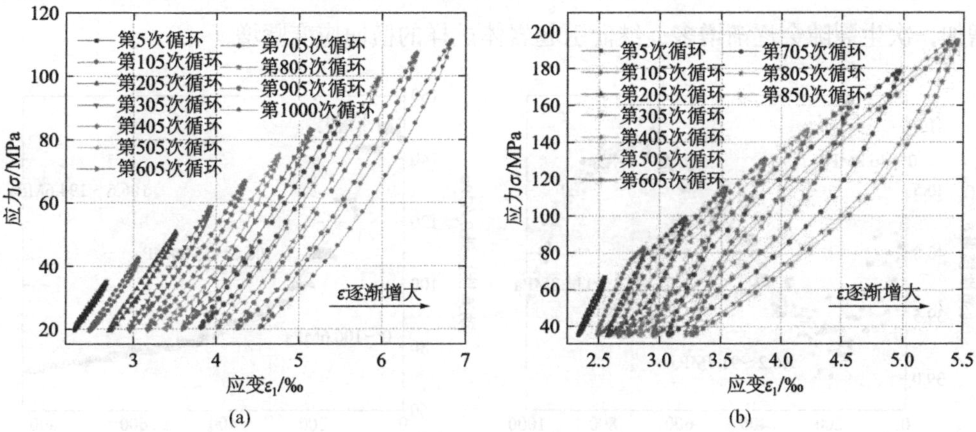

(a)　(b)

图 3-5　滞回曲线

(a) 花岗岩；(b) 片麻岩

3.1.3　动荷载作用下岩石动力学参数演化规律

岩石弹性模量是反映岩石动荷载作用下力学承载特性的重要指标之一，循环加卸载下的岩石弹性模量也可以由滞回圈产生的割线模量进行计算，计算方法如图 3-6 所示。滞回圈一般由加载曲线和卸载曲线两部分组成，图 3-6 中曲线 OAB 段为加载阶段，曲线 BCO 段为卸载阶段，在整个过程中 O 点对应下限应力及相应的最小应变，B 点对应上限应力及相应的最大应变，动弹

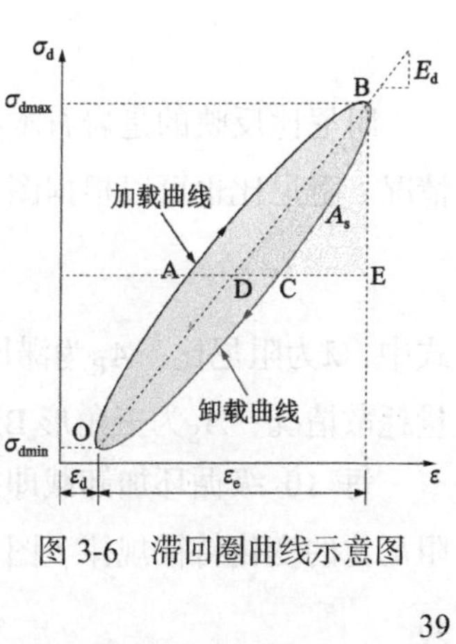

图 3-6　滞回圈曲线示意图

性模量即为 OB 两点间的斜率，其具体计算公式如式(3-1)所示。

$$E_{\mathrm{d}}=\frac{\sigma_{\max}-\sigma_{\min}}{\varepsilon_{\max}-\varepsilon_{\min}} \tag{3-1}$$

式中，$\sigma_{\max}$和$\sigma_{\min}$分别对应上限应力和下限应力；$\varepsilon_{\max}$和$\varepsilon_{\min}$分别对应最大应变和最小应变。

采用 MATLAB 编程对每 10 级循环荷载下产生的滞回圈进行动弹性模量计算，绘制了如图 3-7 所示的两种岩性的弹性模量变化曲线。从图 3-7（a）中可以发现，花岗岩动弹性模量随加载频次及应力的增大呈现出"先减再增再减"的变化趋势，在 0～46.2MPa 应力和 0～200 次循环下，花岗岩动弹性模量波动性较大，并逐渐递减。当应力区间为 46.2～91.4MPa 时，花岗岩的内部孔隙被逐渐压密闭合，因此弹性模量在该阶段出现上升，残余应变也出现累积增大。当花岗岩内部裂纹压密整合完毕后，在新一轮动荷载作用下花岗岩内部开始出现更多的次生裂隙，从而导致弹性模量迅速降低，累积残余应变增大。

从图 3-7（b）中可以发现，片麻岩的动弹性模量随加载频次和应力的增大呈非线性递减趋势，在整体上可以分为三个阶段：骤降阶段、平缓下降阶段、平稳阶段。片麻岩整体呈现衰减趋势，说明岩体本身较为致密，原生裂隙不发育，随着循环次数的增加，次生裂隙会逐渐增多，继而引起岩体试样的横向应变骤增。

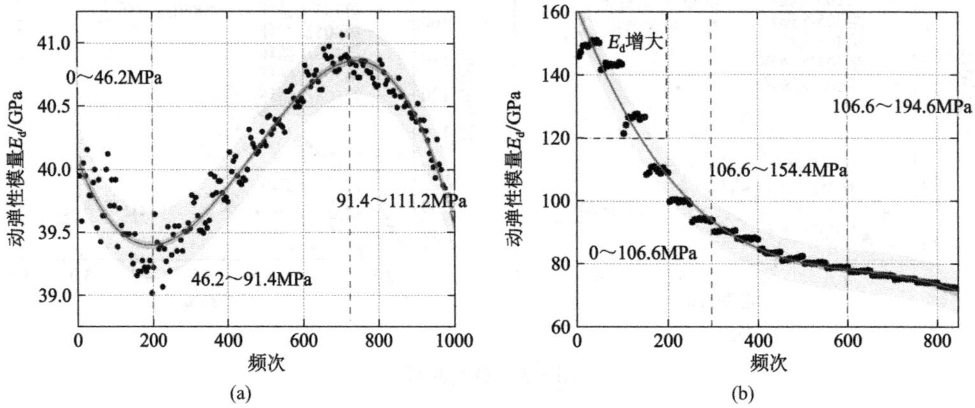

图 3-7　动弹性模量演化规律

（a）花岗岩；（b）片麻岩

阻尼比反映的是岩石本身的一种物理特性，能在一定程度上反映岩石内部的损伤情况。阻尼比也可以根据图 3-6 进行计算[7]，具体计算公式如下：

$$\lambda=\frac{A_{\mathrm{R}}}{4\pi A_{\mathrm{S}}} \tag{3-2}$$

式中，λ为阻尼比；A_{R}为滞回曲线 OABC 的面积，其在一定程度上可以反映岩石的能量耗散情况；A_{S}为三角形 BDE 的面积。

每 10 级循环加卸载即提取相应的阻尼比，分别绘制了花岗岩和片麻岩两种岩性阻尼比的变化特征规律（图 3-8）。从图 3-8（a）中可以看出，花岗岩阻尼比整体呈现两个阶段，即下降-骤升阶段。在下降阶段，阻尼比衰减 0.0109。这说明岩体本身风化严重，内部原生裂隙发育，在低应力作用下岩体不断压密整合，次生裂隙生成较少，从而造成花岗岩的阻尼比减小，弹性模量不断增大。当岩石裂隙压密完成后，在 91.4～111.2MPa 应力作用下，花岗岩内部次生裂隙迅速联合扩展，从而造成在这一瞬间试样破坏，阻尼比骤升，弹性模量骤减。

图 3-8（b）显示片麻岩阻尼比整体呈现“骤升-平稳-缓降”三段式变化，上述现象与片麻岩的弹性模量变化阶段相符合，初期片麻岩裂缝萌生和扩展诱发了阻尼比骤升；中期在动荷载作用下主要诱发片麻岩内部次生裂隙逐步扩展联合；后期由于内部胶结作用及更多的能量消耗在宏观变形破坏上，导致阻尼比出现低幅衰减。

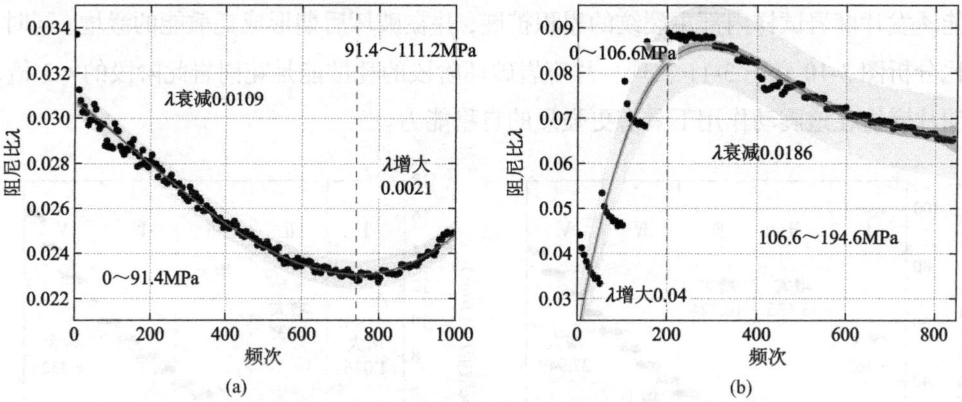

图 3-8　岩石试样阻尼比变化特征规律

（a）花岗岩；（b）片麻岩

3.1.4　基于能量耗散特征的岩石损伤演变规律

岩石的变形破坏是能量耗散与释放的结果，在循环加卸载过程中，外部能量一部分转化为可以吸收释放的弹性能，一部分转换为造成岩石内部永久塑性损伤破坏的耗散能（图 3-9）。因此从能量耗散的角度可以进一步对岩石的损伤累积和破坏机制进行探究。

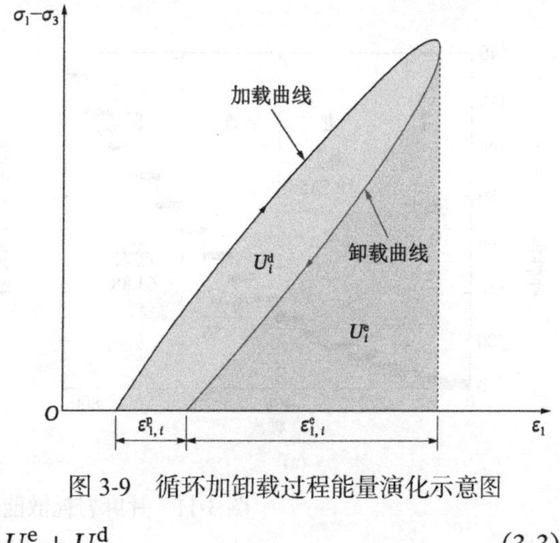

图 3-9　循环加卸载过程能量演化示意图

如图 3-9 所示，滞回圈所围成面积即为耗散能，卸载曲线与坐标轴围成的面积为可恢复弹性应变能[10]。假设在外荷载作用下岩石与外界不发生热量交换，由热力学第一定律可知：

$$U_i = U_i^{\mathrm{e}} + U_i^{\mathrm{d}} \tag{3-3}$$

$$U_i^{\mathrm{d}} = \int (\sigma_{1,i} - \sigma_{3,i})\, \mathrm{d}\varepsilon_{1,i}^{\mathrm{p}} \tag{3-4}$$

$$U_i^{\mathrm{e}} = \int (\sigma_{1,i} - \sigma_{3,i})\, \mathrm{d}\varepsilon_{1,i}^{\mathrm{e}} \tag{3-5}$$

式中，U_i、U_i^{e}和U_i^{d}分别代表输入能、弹性应变能和耗散能。

图 3-10 和图 3-11 分别展示了花岗岩和片麻岩耗散能、弹性能随加载应力和频次之间的变化规律。由图 3-10 可知，随着循环频次的增加，花岗岩弹性能和耗散能均呈非线性递增趋势。由图 3-11 可知，片麻岩弹性能和耗散能随循环频次的增加也呈递增趋势。对比耗散能与弹性能的增长幅度可以发现，片麻岩的耗散能整体变化规律呈现“骤增-下降-缓降”阶段，与其阻尼比变化相统一。上述现象说明随着频次的增加，耗散能诱发片麻岩试样内部主裂纹的累积扩展，并在破坏后期形成耗散能的激增。同时，对比分析图 3-10 和图 3-11 发现，片麻岩破坏阶段的耗散能是花岗岩此阶段的 4.2 倍，说明片麻岩在地震动作用下具有更强烈的自稳能力。

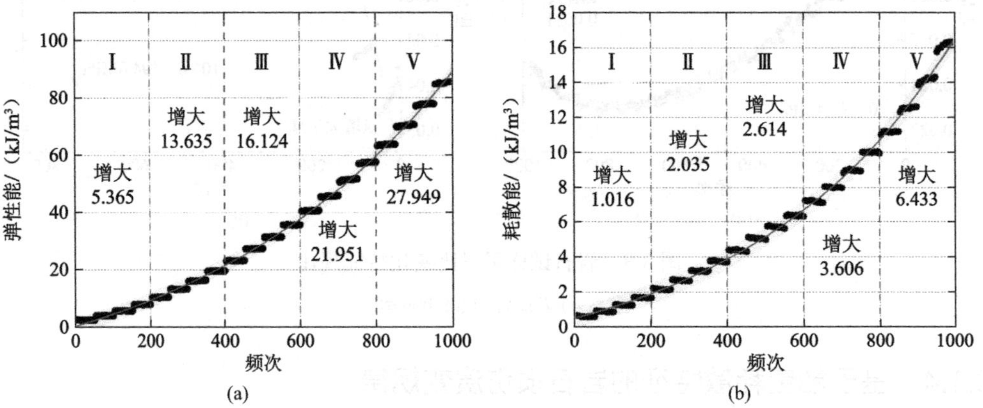

图 3-10 花岗岩耗散能及弹性能演化规律

（a）弹性能；（b）耗散能

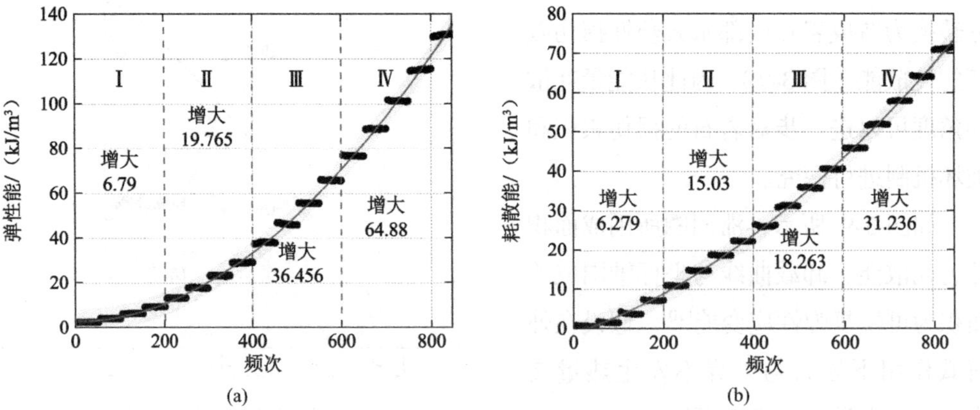

图 3-11 片麻岩耗散能及弹性能演化规律

（a）弹性能；（b）耗散能

为定量研究花岗岩和片麻岩两类岩石在循环加卸载过程中的损伤发育演化规律，从能量角度对损伤因子进行了探究，基于累积耗散能与第i次循环积累耗散能定义了岩石试样的损伤因子，具体计算方法如下式所示：

$$D=\frac{\sum_{i=1}^{n}U_i^{\mathrm{d}}}{U^{\mathrm{D}}} \tag{3-6}$$

式中，D表示损伤因子；U^{D}为总累积耗散能；U_i^{d}为第i次循环作用下的耗散能。

依据式(3-6)分别绘制了损伤因子随加载频次和加载应力之间的关系，如图 3-12 和图 3-13 所示。可以看出，随着应力或频次的增加，岩石试件的损伤因子逐渐增大，均具有明显的非线性演化规律，损伤因子增长趋势符合指数函数变化。岩石损伤因子D在初期阶段变化平稳；在原生孔隙压密、次生孔隙发育阶段出现小幅度的上升现象；在临界破坏应力范围时，损伤因子逐渐开始剧烈增长，并向 1.0 逐渐靠拢。

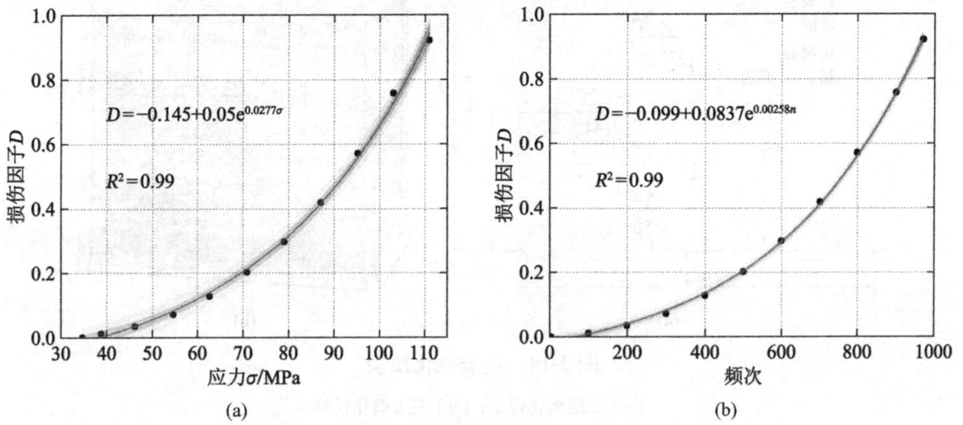

图 3-12　花岗岩损伤因子演变规律

（a）随应力变化；（b）随频次变化

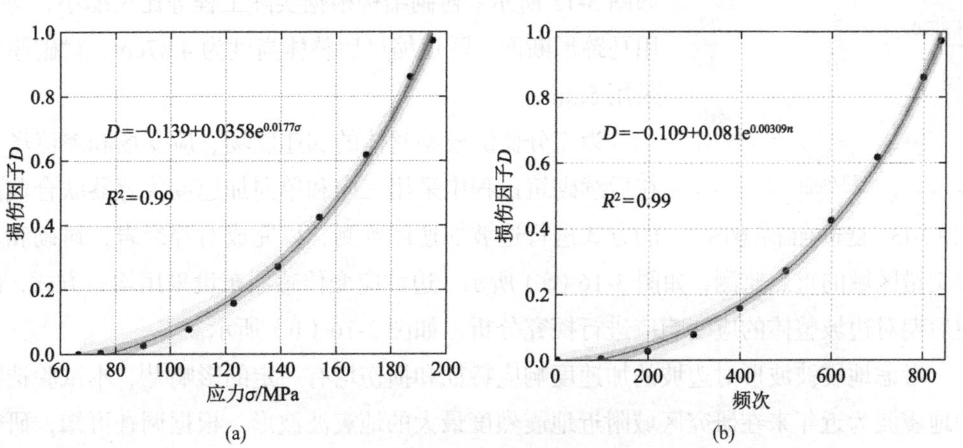

图 3-13　片麻岩损伤因子演变规律

（a）随应力变化；（b）随频次变化

3.2 多域耦联分析下岩质边坡的动力响应特征

3.2.1 振动台模型试验

本试验主要探究地震与降雨共同作用下复杂地质边坡的动力响应特征，为充分模拟实际边坡坡度、地质赋存条件和隧道结构对边坡地震响应特征和损伤变形的影响规律。在保证振动台设备、模型箱尺寸以及相似比的要求上，边坡模型与原型边坡尺寸之比为 1 ∶ 225，如图 3-14 所示。振动台模型将原型边坡概化为含有碎裂岩、基岩和侵入岩三部分的地质模型。模型边坡坡表主体坡度为 46°，并按边坡实际地形依次设置了 61°、33°、47°和 33°四个边坡变形转角。

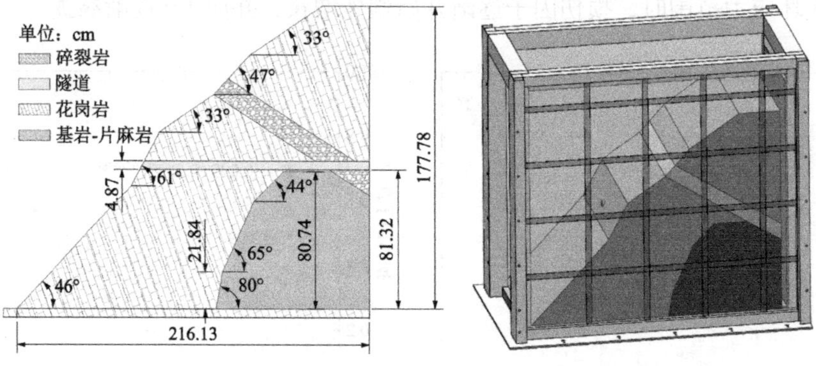

(a) (b)

图 3-14 边坡概化模型

（a）二维概化模型；（b）三维概化模型

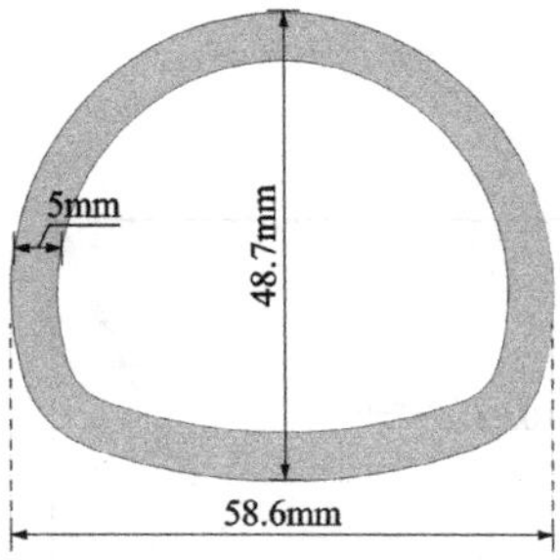

图 3-15 隧道剖面示意图

同时，在与实际边坡相对应位置设计了隧道衬砌结构，如图 3-15 所示。衬砌结构根据实际工程等比尺缩小，均采用马蹄形断面，隧道缩尺后整体高度为 4.87cm，衬砌厚度采用 5mm。

为充分监测模型整体的加速度场、应变场和渗流场，在后续砌筑过程中采用三向和单向加速度传感器联合监测的方式进行边坡加速度监测，以完成对碎裂岩，衬砌和基岩交错区域的重点监测，如图 3-16（a）所示。边坡应变传感器布设采用均布方式，以便后期对边坡整体的应变响应进行探究分析，如图 3-16（b）所示。

考虑地震波波形对边坡的加速度响应特征和损伤均有一定的影响[11]，本试验选择的地震波为近年来在研究区域附近地震烈度最大的地震波波形。根据调查可知，研究区域周边近年来地震烈度最大的是 2022 年 9 月 5 日发生在四川泸定县的 6.8 级地震[2]。因此，选择该泸定地震波作为研究波形，如图 3-17 所示。

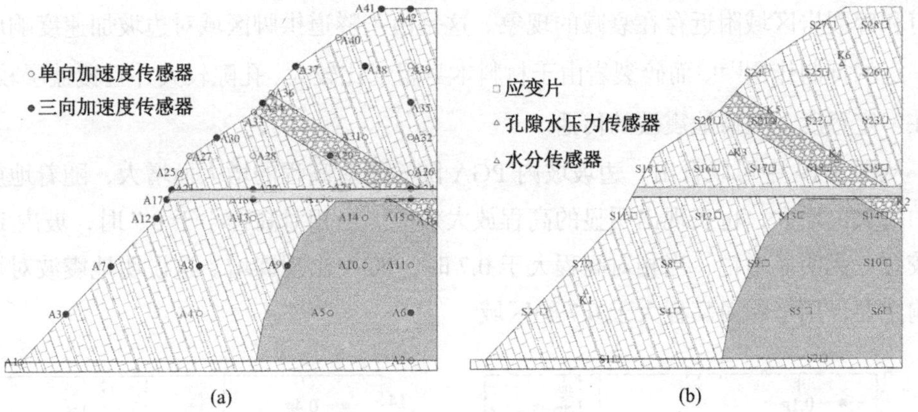

图 3-16　边坡测点布设

（a）加速度传感器布设方案；（b）应变片及水分传感器布设方案

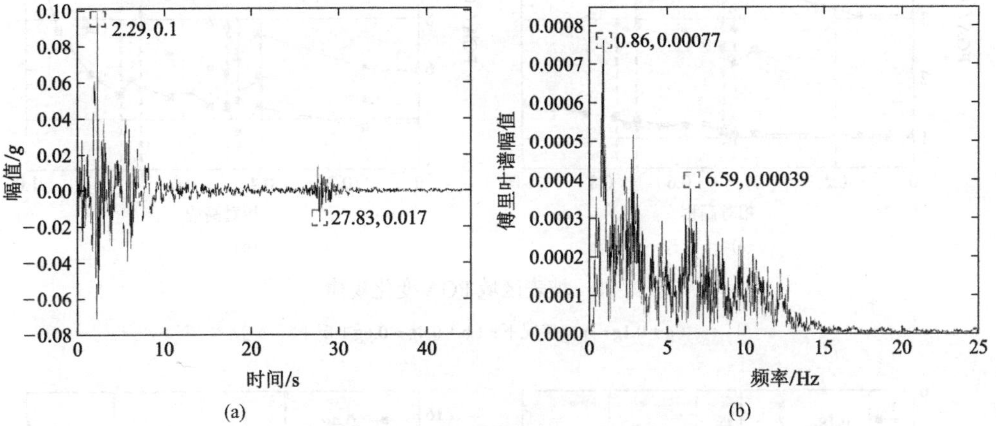

图 3-17　加载泸定地震波及傅里叶谱

（a）泸定波加速度时程曲线；（b）傅里叶谱

3.2.2　边坡加速度动力响应特征分析

一般而言，地震的幅值、波形、加载方向以及边坡地质地形条件均会对边坡动力响应规律造成重要影响[12-13]。因此，通过对边坡内部的加速度数据进行分析，可以探究上述因素对边坡动力响应的影响。而在试验过程中由于传感器连接或试验条件等外界因素干扰，采集到的加速度数据可能会出现高频失真等问题。在进行后续加速度分析时，采用的数据均已通过 Butterworth 低通滤波器进行滤波并进行基线调整。

为探究x方向地震波加载过程中不同幅值地震波对边坡动力响应的影响情况，分别绘制了坡表和坡内 PGA 随相对高程的变化曲线（图 3-18、图 3-19）。

从图 3-18 中可以看出，随着地震幅值的增大，边坡坡表 PGA 逐渐增大，整体呈现线性递增趋势，具有典型的高程放大效应。当地震波幅值在 0.3g以下时，PGA 增幅较小；当地震波幅值大于 0.3g时，边坡坡表 PGA 增幅骤增。此外，边坡坡表 PGA 在隧道和碎裂岩区域附近存在衰减的现象。这是由于隧道拱脚区域对边坡加速度响应具有一定的抑制作用[14]，而碎裂岩由于材料本身阻尼比较大、孔隙较大并且覆盖层较厚，会在一定程度上阻碍地震波的传播。

从图 3-19 中可以看出，边坡坡内 PGA 随着相对高程的增大而增大，随着地震幅值的增大而增大，也表现出明显的高程放大效应。当相对高程小于 0.7 时，坡内 PGA 变较缓，无明显增幅；当相对高程大于 0.7 时，PGA 出现骤增。这说明地震波对坡内影响主要作用于相对高程大于 0.7 的区域。

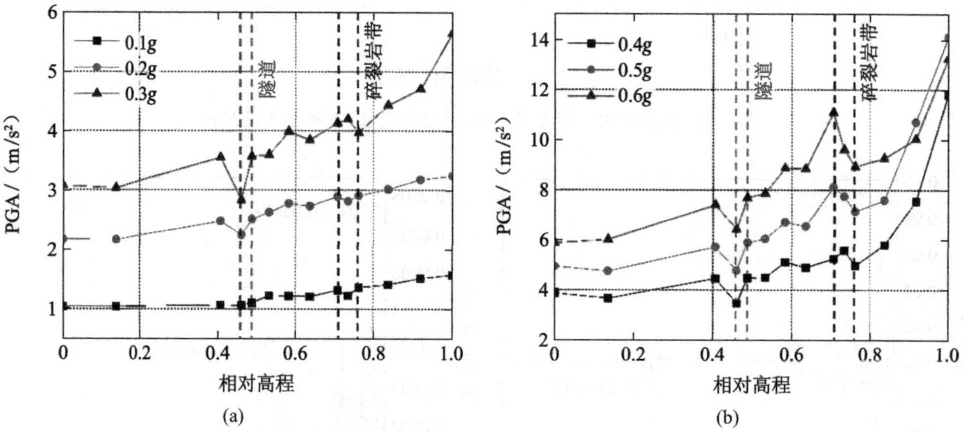

图 3-18　坡表区域 PGA 变化规律

（a）0.1g～0.3g工况下；（b）0.4g～0.6g工况下

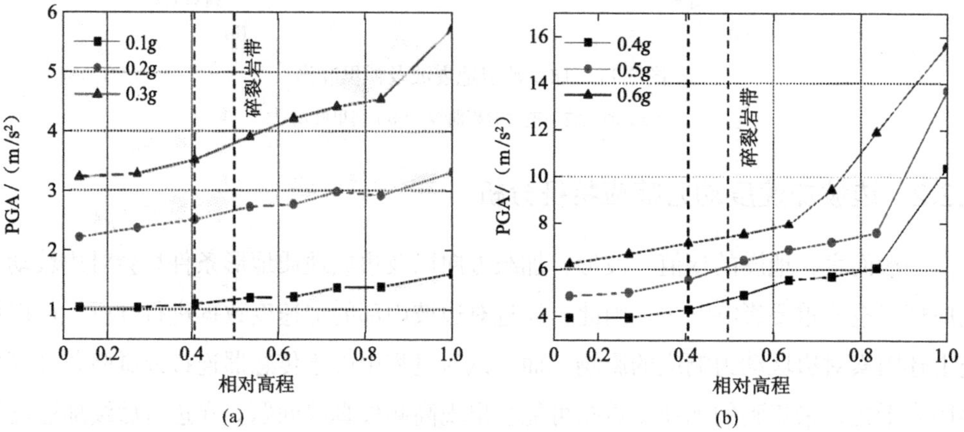

图 3-19　坡内区域 PGA 变化规律

（a）0.1g～0.3g工况下；（b）0.4g～0.6g工况下

横波和纵波对边坡整体的作用机理和损伤影响情况不同，为探究z向地震波对模型边坡的作用规律，以坡表测点为例绘制了 PGA 随相对高程变化曲线，如图 3-20 所示。从图中可以看出 PGA 随着z向地震波幅值的增大而波动性增大，但整体呈现一定的增长趋势。在隧道洞口处，拱脚区域大于拱顶；在碎裂岩内部，PGA 也呈现增长趋势；

这些变化均与x向地震波作用规律存在差异。这是因为纵波的传播路径与横波存在一定的差异，纵波在传播过程中造成一定的能量耗散，而横波更主要地在坡表形成放大集中。

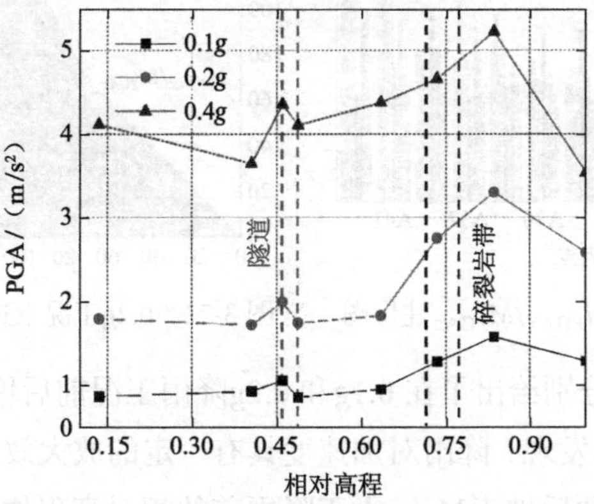

图 3-20　在z向地震波作用下坡表 PGA 的变化规律

由图 3-18 和图 3-20 对比可知，z向和x向地震波下边坡的动力响应特征存在明显的差异，为了对比两种不同加载方向对边坡动力响应的影响情况，分别定义了M_{PGA}和M_{PGAx}/M_{PGAz}来探究纵波和横波两种加载方向的影响规律。其中M_{PGA}的计算公式如下所示：

$$M_{PGA} = PGA_i/PGA_{table} \tag{3-7}$$

式中，M_{PGA}为峰值加速度放大系数；PGA_i为边坡第i个测点的 PGA；PGA_{table}为振动台台面的 PGA。

图 3-21 展示了各测点的横波-纵波放大系数比情况。从图中可以发现，所有工况和所有测点的横波-纵波放大系数比大于 1 的约占 87%，说明横波对边坡 PGA 影响要大于纵波的影响范围。同时可以发现随着相对高程的增大，测点的放大系数比也在逐渐增大。

进一步通过等值线云图探究了边坡整体的M_{PGAx}/M_{PGAz}放大情况（图 3-22）。由图可知，第一个变坡点和隧道上方坡体区域主要受x向地震波影响，边坡侵入岩区域和相对高程 0.3 以下区域更容易受z向地震波影响。M_{PGAx}/M_{PGAz}放大系数比说明边坡整体变形响应更容易受横波影响，在地震稳定性分析和损伤加固研究方面要更注意x向地震波的作用范围。

由前文可知，x向地震波主要控制边坡破坏范围，并且不同幅值地震波加载工况的 PGA 响应差值较大。因此，为更好地分析降雨和地震幅值对边坡动力响应特征的影响情况，在后续试验分析中只分析x向地震波加速度，并采用 PGA 放大系数（M_{PGA}）对注水降雨前后边坡响应特征进行分析。

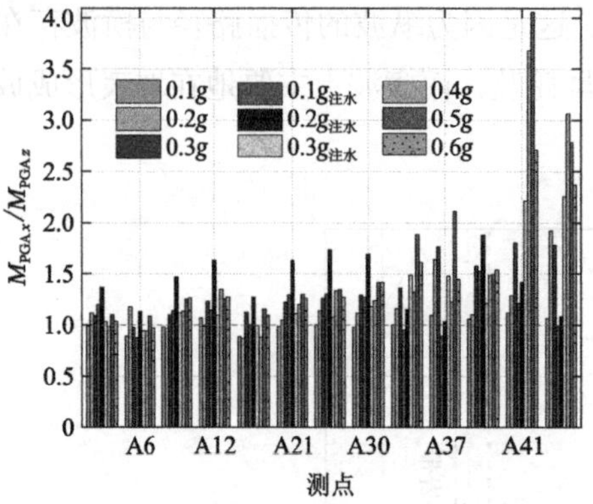

图 3-21　不同测点的M_{PGAx}/M_{PGAz}柱形图

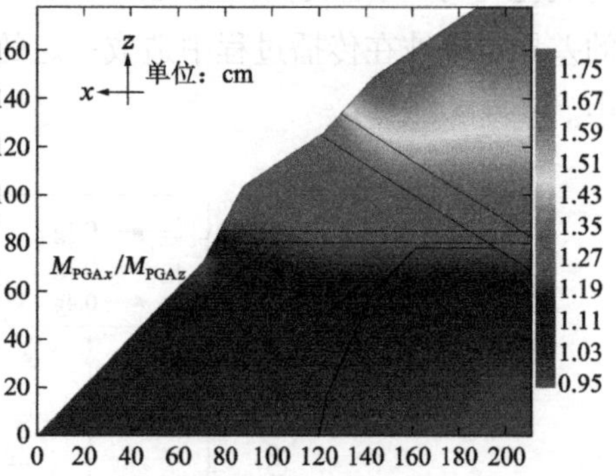

图 3-22　0.2g工况下边坡M_{PGAx}/M_{PGAz}云图

图 3-23 和图 3-24 分别给出了在 0.1g和 0.2g降雨工况前后坡内和坡表的M_{PGA}变化曲线。根据图 3-23 可以发现，降雨对加速度具有一定的放大效应，相对高程越大该放大系数越大。同时，降雨后坡表M_{PGA}大于降雨前的相对高程位于隧道拱脚以上，说明拱脚以上区域是边坡动力响应放大区域，即工程实际需要重点防护区域。由图 3-24 可知，降雨后坡内M_{PGA}大于降雨前的相对高程位于 0.3 处，这是由于在地震动作用下降雨沿碎裂带逐渐入渗到边坡内部，进而造成坡内M_{PGA}的变化。

对比图 3-23 和图 3-24 可以发现：在 0.1g地震波作用下，降雨前后的坡表和坡内的最大 PGA 放大系数增幅分别为 19.68%和 7.69%；在 0.2g地震波作用下，降雨前后的坡表和坡内的 PGA 放大系数增幅分别为 19.63%和 8.01%。上述M_{PGA}衰减现象说明，边坡在降雨后的 0.2g工况下可能部分区域已经开始损伤，并且小幅地震可能对降雨入渗起到一定的促进作用[15]。

为进一步阐明降雨作用对复杂地质边坡的动力响应规律，图 3-25 展示了降雨前后 0.3g工况下边坡M_{PGA}等值线云图。可以发现，降雨后边坡坡顶区域的动力响应更加强烈，并且边坡整体的M_{PGA}放大区域逐渐向侵入岩方向扩展。

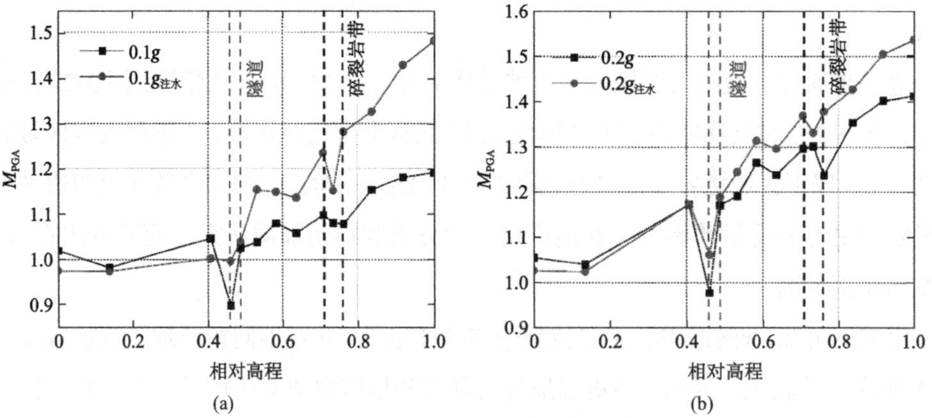

图 3-23　坡表区域M_{PGA}变化规律

（a）0.1g工况；（b）0.2g工况

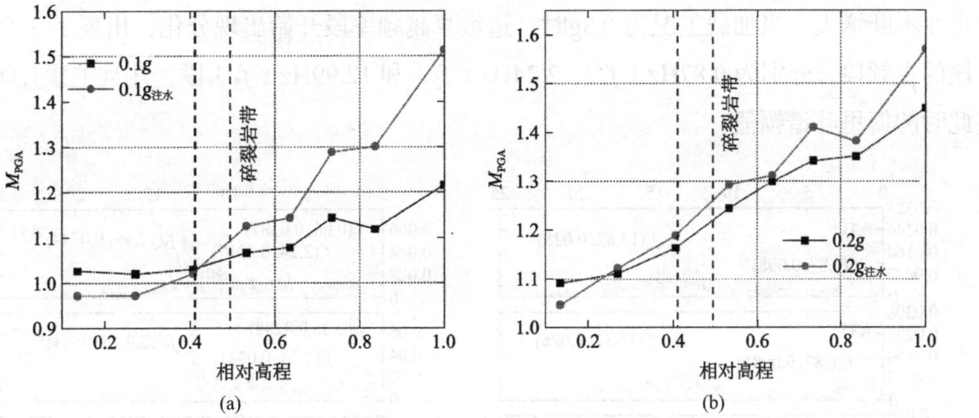

图 3-24　坡内区域M_{PGA}变化规律

（a）0.1g工况；（b）0.2g工况

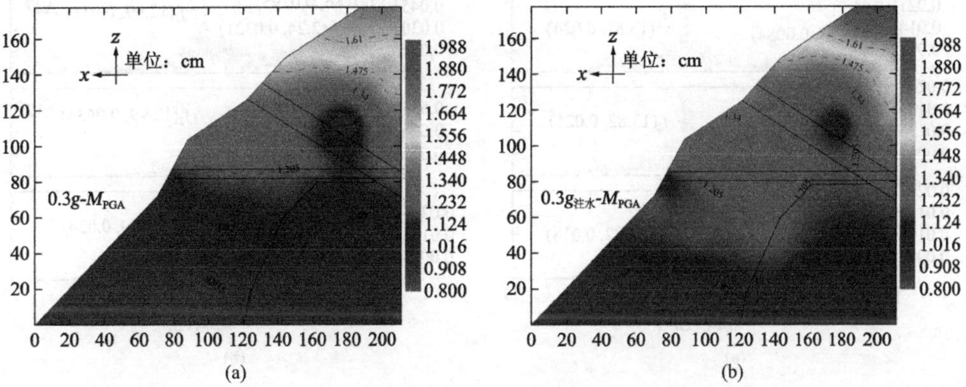

图 3-25　0.3g工况下的边坡M_{PGA}云图

（a）降雨前；（b）降雨后

3.2.3　基于频域参数分析边坡动力反应特性

边坡地震动力响应特征实际上是地震波在边坡内不断进行反射或折射的传播运动，最终在不同区域形成不同的加速度或能量集中。由于地震波是一种典型的非平稳信号，当边坡内部构造复杂时，某些特殊频率段的波会对边坡造成影响[16]。因此，利用加速度分析难以充分揭示边坡的动力响应特征，本节主要采用 FFT 和传递函数等手段从频率域角度去阐述复杂地质结构对边坡固有频率及破坏变形的影响。

地震波不同频率波段对边坡的动力演化规律具有不同的影响。为分析傅里叶谱特征与边坡动力响应和损伤演化之间的关系，以 0.1g、0.3g、降雨后 0.1g、降雨后 0.3g 和 0.5g工况为例，通过 FFT 绘制了不同测点的傅里叶谱，探讨了地震振幅和降雨等作用对频谱特征的影响。不同工况下的傅里叶谱如图 3-26 所示。

可知，当加载工况为 0.1g时，边坡主要存在两个峰值频率段，分别为 0.87Hz（f_1）和 13.82Hz（f_2）段，并且f_2段具有傅里叶谱幅值。同时，随着高程的增加，f_2段幅值也在不断增大。当加载工况为 0.3g时，边坡卓越频率段开始出现分化，出现了 3 个阶段的主频段，分别为 0.87Hz（f_1）、2.24Hz（f_2）和 12.99Hz（f_3）段，并且主频f_3具有此时的傅里叶谱幅值。

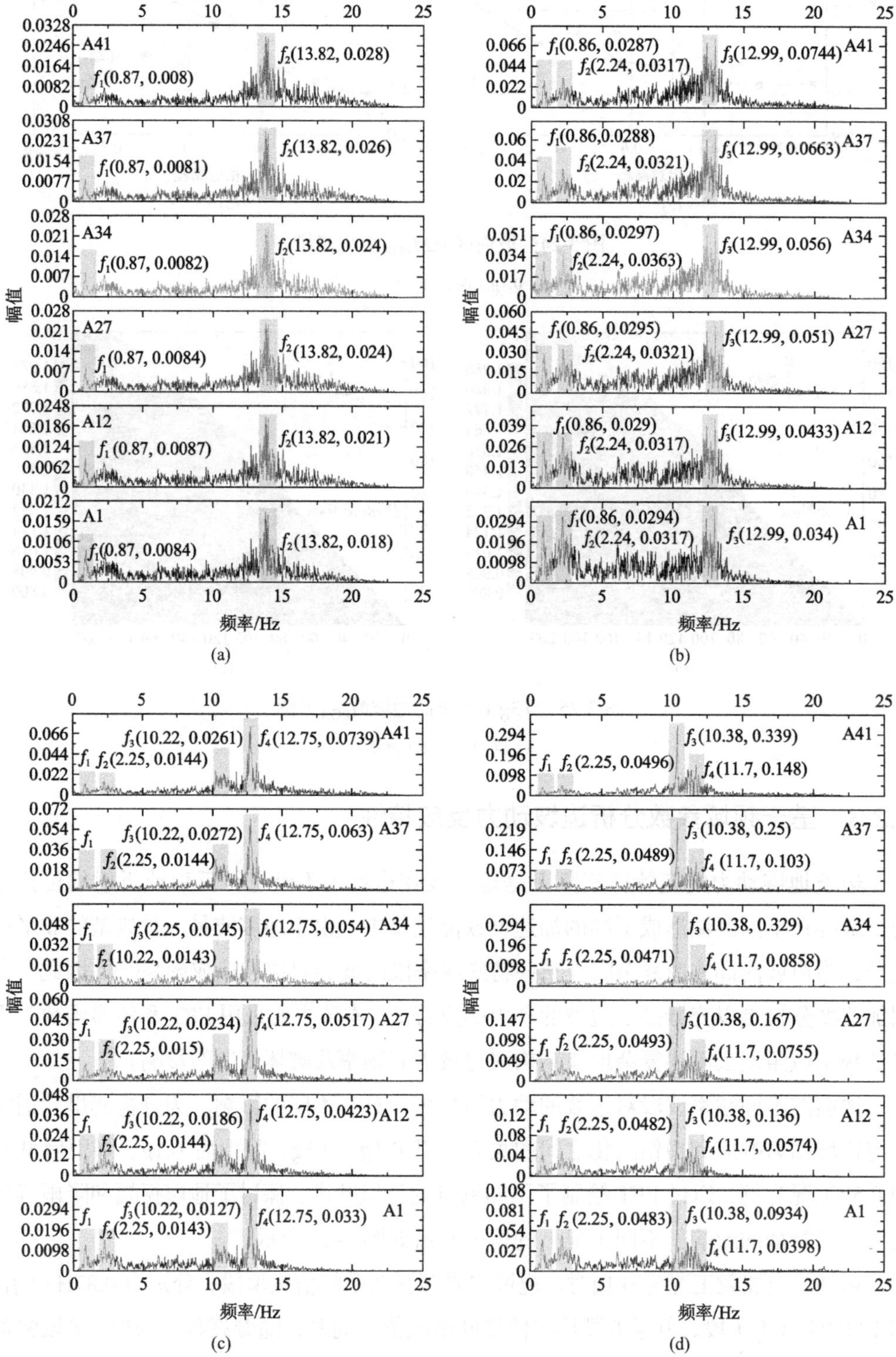

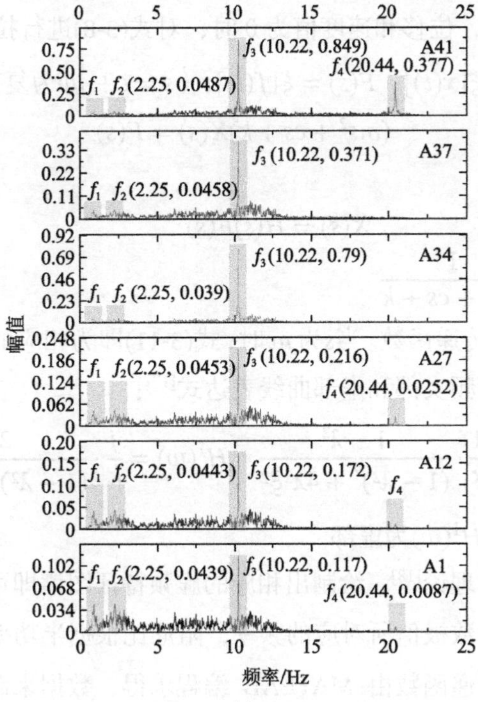

(e)

图 3-26　不同工况下的傅里叶谱特征

（a）0.1g；（b）0.3g；（c）降雨后 0.1g；（d）降雨后 0.3g；（e）0.5g

当降雨完成后（图 3-26c），边坡傅里叶谱出现明显的分化特征。首先，边坡卓越频率段首次变为 4 个，分别对应 0.87Hz（f_1）、2.25Hz（f_2）、10.22Hz（f_3）和 12.75Hz（f_4）段，并且主频f_4具有此时的幅值。从图 3-26（a）～（c）对比中可以发现，降雨后各测点的傅里叶谱峰值明显增大，并且卓越频率进一步减小。当降雨结束后加载 0.3g地震波，边坡卓越频率段由f_4向f_3转移，并且各点均出现不同幅度的增大。当加载 0.5g地震波时，边坡部分区域 15～25Hz 频率段已经消失，频率主要集中在f_3段（10.22Hz）。

地震波在边坡岩体内是自下而上的一个传播过程。在传播过程中，边坡复杂的地质构造会对岩体内某些频率段造成影响。同时，当地震波频谱对边坡模型造成损伤时，边坡本身的固有函数也会发生改变。因此，基于每次工况结束后的白噪声扫频工况，通过传递函数对边坡自身的固有频率开展了相关研究。

根据传递函数求解边坡固有频率主要原理如下：

将输入和输出信号进行拉普拉斯变换并进行比值即为传递函数，具体理论公式如下：

以单自由度系统的振动方程为例：

$$m\ddot{x} + c\dot{x} + kx = f(t) \tag{3-8}$$

如果初始条件为 0，位移和速度值为 0 时，对式(3-8)进行拉氏变换得：

$$X(s)=\xi[x(t)],\ F(s)=\xi[f(t)],\ (s=i+jw\text{为复变量}) \tag{3-9}$$

$$(ms^2+cs+k)X(s)=F(s) \tag{3-10}$$

整理得：

$$X(s)=H(s)F(s)$$

其中，$H(s)=\dfrac{1}{ms^2+cs+k}$ (3-11)

式中，$H(s)$即为响应的传递函数。当s为jw时，式(3-11)即为相应的频响函数，将式(3-11)中的传递函数改写为幅频实部和虚部曲线表达式[17]：

$$H^{\mathrm{R}}(w)=\frac{1}{k}\cdot\frac{1-\lambda^2}{(1-\lambda^2)^2+4\lambda^2\xi^2}\quad H^{\mathrm{I}}(w)=\frac{j}{k}\cdot\frac{2\lambda\xi}{(1-\lambda^2)^2+4\lambda^2\xi^2} \tag{3-12}$$

式中，$H^{\mathrm{R}}(w)$为实部；$H^{\mathrm{I}}(w)$为虚部。

根据振动模态分析理论[18]，绘制出相应的虚频特征图谱即可求得固有频率和阻尼比。固有频率为虚频函数极值所对应的频率，阻尼比根据半功率谱进行确定。

本节进行分析的传递函数由 MATLAB 编程求得，数据来源为振动台模型试验加速度结果。需要注意的是，传递函数的输入加速度时程为 A1 点时程曲线，根据 A1 点加速度计算其他各点的传递函数，并提取虚部进行频响函数绘制。各个工况下测点的虚频函数如图 3-27 所示。

由图 3-27 可知，在降雨作用之前，随着地震动幅值的增大，频率从 22.8Hz 降为 22.5Hz，整体衰减幅度较小，约为 1.32%。由图 3-27（c）可以发现，当降雨结束后，边坡不同区域出现了频率分化，尤其是 A17 测点位置，隧道下方的固有频率明显下降为 22Hz。当地震波再次加载为 0.3g振幅时，边坡各测点的固有频率出现明显的差异，坡顶区域（A42）衰减了 71.2%，碎裂岩带附近（A40）衰减了约为 10%。当地震波振幅达到 0.5g时，坡顶区域出现了双峰现象，并且大部分测点的固有频率逐渐向 10～13.3Hz 开始靠拢，这与傅里叶谱结果可以形成对照。

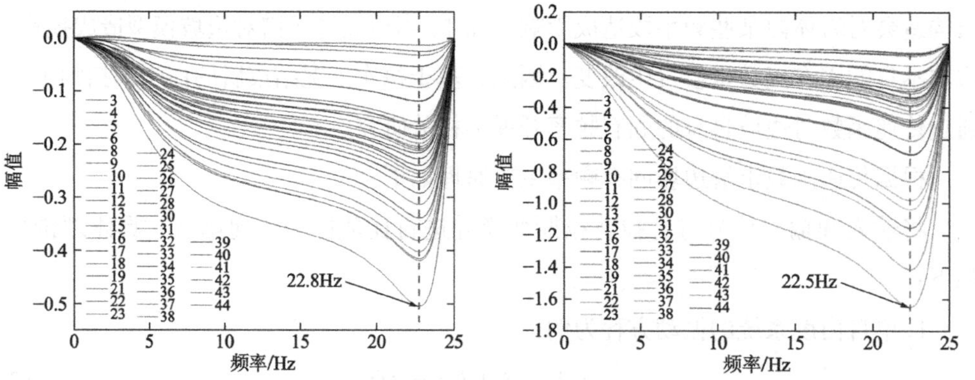

(a) (b)

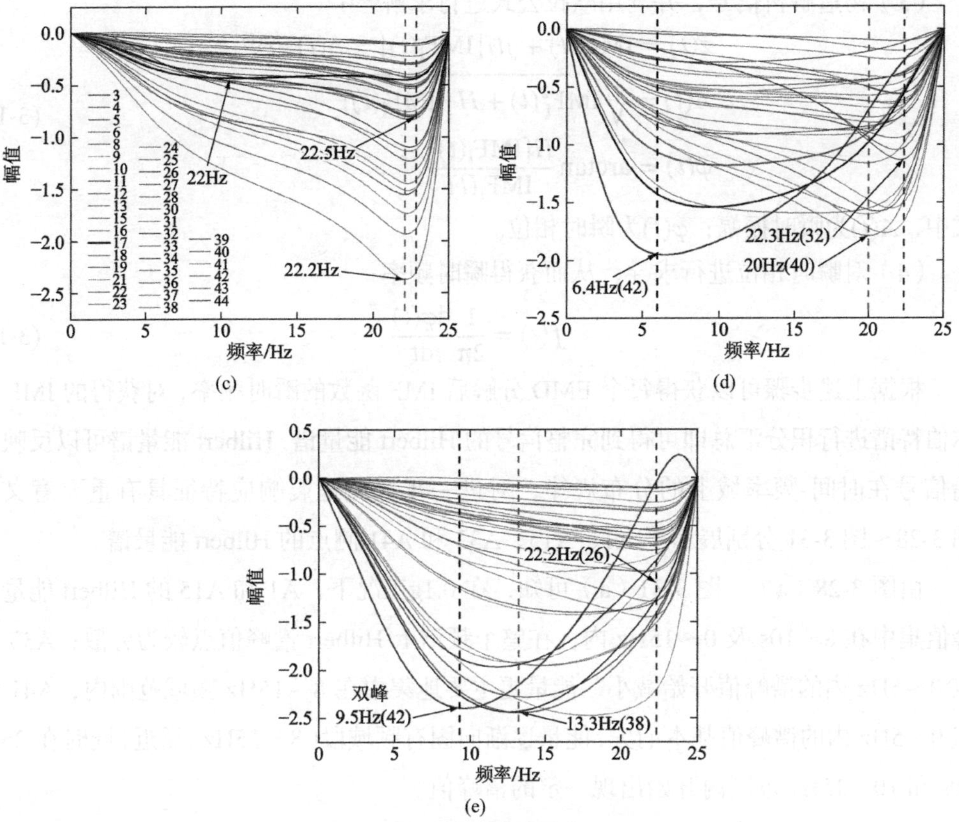

图 3-27　不同工况下的虚频函数特征

(a) 0.1g；(b) 0.3g；(c) 降雨后 0.1g；(d) 降雨后 0.3g；(e) 0.5g

3.2.4　基于时频域参数分析边坡动力响应特性

Hilbert-Huang 变换作为处理非平稳非线性地震波的常用手段，其能克服频域傅里叶谱分析对窗函数和小波分析对基函数的选择问题，并能够在时频域内通过能量的方式对边坡损伤区域进行识别。本节主要通过 HHT 和边际谱联合的方式对边坡的地震动力响应和破坏过程进行探究。

HHT 变换的基本原理为：

（1）通过三次样条插值对曲线极大值和极小值进行搜索获得上下包络线，对包络线进行判定从而获得一系列平稳信号 IMF 和残余项r。将时域信号记为$X(t)$，如下式所示[17]：

$$X(t)=\sum_{i=1}^{n}\mathrm{IMF}_i(t)+r(t) \tag{3-13}$$

（2）对各项 IMF 进行 HT 变换，具体公式如下[17]：

$$H[\mathrm{IMF}_i(t)]=h(t)\times \mathrm{IMF}_i(t)=\int_{-\infty}^{\infty}s(\tau)h(t-\tau)\mathrm{d}\tau=\frac{1}{\pi}\int_{-\infty}^{\infty}\frac{s(\tau)}{t-\tau}\mathrm{d}\tau \tag{3-14}$$

式中，$h(t)=\frac{1}{\pi t}$、$H[\mathrm{IMF}_i(t)]$为将要进行 HT 变换的 IMF 信号。

（3）构造解析信号，并利用欧拉公式进行求解[17]：

$$
\begin{aligned}
z(t) &= \mathrm{IMF}_i(t) + jH[\mathrm{IMF}_i(t)] = A(t)\mathrm{e}^{j\varphi(t)} \\
A(t) &= \sqrt{\mathrm{IMF}_i^2(t) + H^2[\mathrm{IMF}_i(t)]} \\
\varphi(t) &= \arctan\frac{H[\mathrm{IMF}_i(t)]}{\mathrm{IMF}_i(t)}
\end{aligned}
\tag{3-15}
$$

式中，$A(t)$为瞬时振幅；$\varphi(t)$为瞬时相位。

（4）对瞬时相位进行求导，从而获得瞬时频率：

$$
f(t) = \frac{1}{2\pi}\frac{\mathrm{d}\varphi(t)}{\mathrm{d}t}
\tag{3-16}
$$

根据上述步骤可以获得每个 EMD 分解后 IMF 函数的瞬时频率，对获得的 IMF 希尔伯特谱进行积分汇总即可得到完整信号的 Hilbert 能量谱，Hilbert 能量谱可以反映原始信号在时间-频率域上的分布规律，对进一步探究地震响应特征具有重要意义。图 3-28～图 3-31 分别展示了 A1、A15、A33 和 A41 测点的 Hilbert 能量谱。

由图 3-28（a）～图 3-31（a）可知，在 0.1g工况下，A1 和 A15 的 Hilbert 能量谱峰值集中在 8～10s 及 0～15Hz 内，在整个频谱上 Hilbert 谱峰值点较为分散；A33 测点 0～5Hz 内的谱峰值开始减小，能量更主要地集中在 8～15Hz 频域范围内；A41 测点 0～5Hz 内的谱峰值基本消失，能量逐渐向固有频域段（8～15Hz）靠近，同时在 25～30s 和 10～15Hz 范围内开始出现一定的谱峰值。

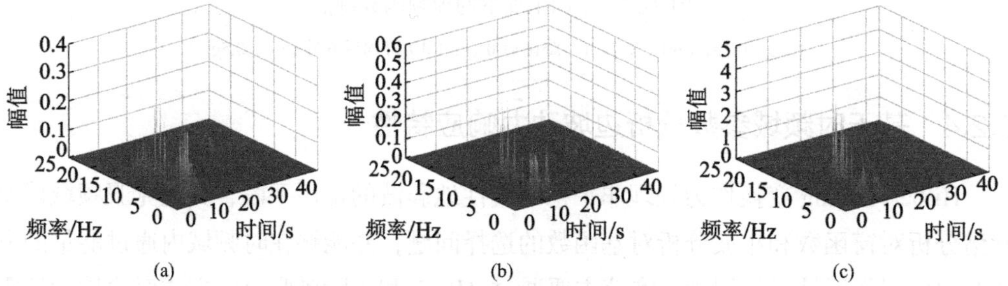

图 3-28　A1 测点 Hilbert 能量谱

（a）0.1g工况；（b）0.1g降雨；（c）0.3g降雨

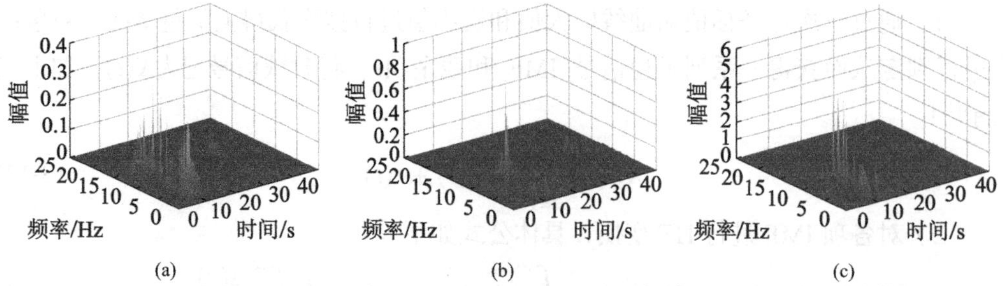

图 3-29　A15 测点 Hilbert 能量谱

（a）0.1g工况；（b）0.1g降雨；（c）0.3g降雨

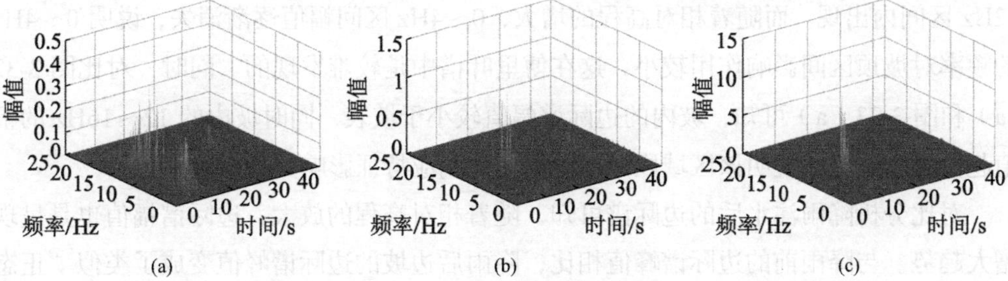

图 3-30　A33 测点 Hilbert 能量谱

（a）0.1g工况；（b）0.1g降雨；（c）0.3g降雨

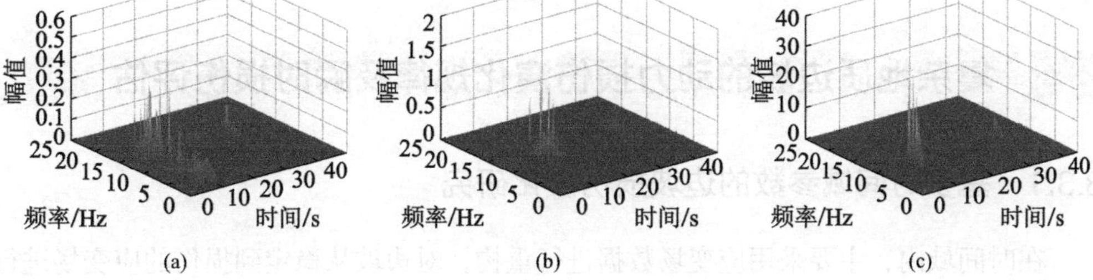

图 3-31　A41 测点 Hilbert 能量谱

（a）0.1g工况；（b）0.1g降雨；（c）0.3g降雨

在降雨作用结束后，0.1g地震波作用下，边坡测点具有明显的 Hilbert 谱峰值表征差异性。A1 处的谱峰值主要体现在 8～12s、5～13Hz 范围内，并且在 0～5Hz 具有第二谱峰值；A15 处的谱峰值主要集中在 8～12s、5～13Hz 范围内，0～5Hz 的谱峰值已逐渐消失；A33 测点的谱峰值大部分集中在 5～13Hz，其他区域无明显谱值出现；A41 处的谱峰值进一步向 8～12s、5～15Hz 区域集中。

降雨后在 0.3g地震波作用下，边坡除 A1 和 A15 位置在 0～5Hz 还存在谱峰值，其余各点的谱峰值均已集中在 8～12s、5～10Hz 范围内。说明在该阶段作用下，边坡隧道以上区域出现明显的损伤，从而导致 Hilbert 能量谱峰值出现集中与分化差异。由 Hilbert 能量谱分析可知，能量谱相比傅里叶谱能更集中，准确地识别边坡损伤的时间和敏感频域区间，能够进一步对时域结果进行分析和阐述补正。

边际谱是由 Hilbert 谱在时间轴上进行积分得到［式(3-17)］，其主要表征地震动能量在频率域上的分布，其幅值大小的意义是此次地震波传播过程出现该频率的概率，即幅值越大，该频率出现概率越大。

$$h(\omega)=\int_0^T H(\omega,t)\mathrm{d}t \tag{3-17}$$

图 3-32 和图 3-33 分别给出了坡表和坡内各点降雨前后的边际谱对比结果。由图 3-32 可知，降雨前边际谱峰值随着相对高程的增大呈整体增大趋势，坡顶边际谱幅值是坡脚处的 1.91 倍。在第二个变坡点位置（A27）以下，边坡边际谱幅值在 0～4Hz 和 8～

12Hz 区间内出现。而随着相对高程的增大，0～4Hz 区间幅值逐渐消失，说明 0～4Hz 的频率对坡顶区间影响作用较小，这在傅里叶谱中是较难发现的。同时，对比图 3-32（a）和图 3-33（a）可知，坡内的边际谱幅值较小于坡表，同时坡内的 12～16Hz 的幅值起伏更加明显，说明该区域段对坡内的动力响应特征影响更大。

对比分析降雨注水后的边际谱可知，随着相对高程的放大，边际谱幅值也是呈现增大趋势。与降雨前的边际谱峰值相比，降雨后边坡的边际谱峰值变成了类似“正态分布”的分布趋势。当边坡相对高程为隧道以下，0～4Hz 频率段地震波对边坡损伤变形还存在一定的影响。由此可知，边际谱特征对局部频域的识别判断能进一步补充傅里叶谱和 Hilbert 谱分析结果，从而对局部损伤进行解释。

3.3 复杂地质边坡的动力损伤演化规律及瞬时损伤评估

3.3.1 基于时间域参数的边坡损伤演化研究

在时间域内，主要采用应变场数据进行重构，对边坡从稳定到损伤的应变场进行研究，从而确定边坡模型的损伤破坏。根据图 3-16 的应变片布设方案，可以通过 Kriging 插值法对边坡整体的损伤应变场进行重构。图 3-34 展示了从 0.3g到 0.6g地震加载工况的应力等值线图。

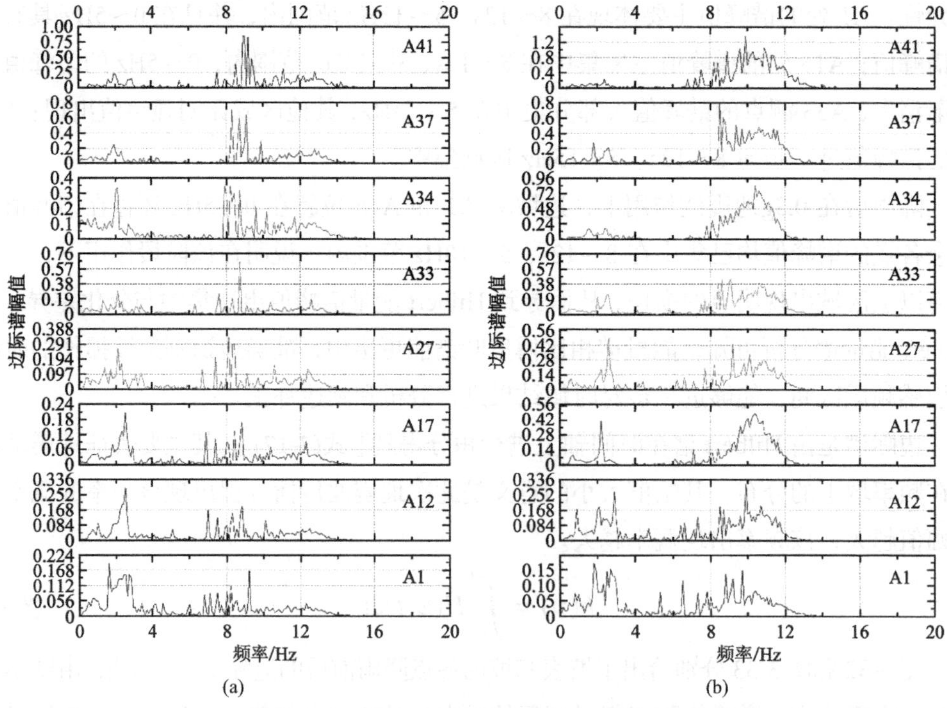

图 3-32　坡表各点降雨前后边际谱对比

（a）降雨前；（b）降雨后

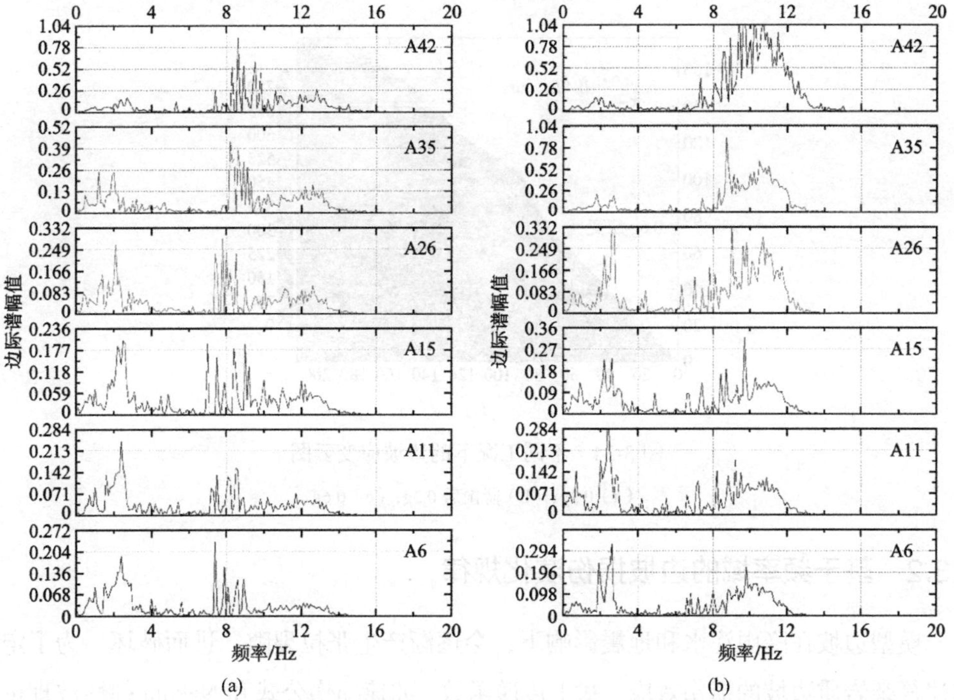

图 3-33　坡内各点降雨前后边际谱对比

（a）降雨前；（b）降雨后

图 3-34 显示，当边坡未降雨时，边坡应变区域主要集中在基岩和侵入岩交界位置处。当降雨注水后，边坡在 0.3g地震波加载工况下，边坡模型应变场呈现出一定的分散特征，而不是同之前一样主要集中在软硬岩交界处。此时，应变集中区域主要分布在坡顶区域，碎裂岩和隧道围城的区域以及隧道下方第一变坡点区域。随着地震加载幅值达到 0.6g时，边坡的应变集中区域出现明显的贯通，该贯通路径从边坡后缘起裂并不断向边坡深层延伸，碎裂岩上部坡体开裂下沉从而引起碎裂岩带的应力集中，最后对变坡区域形成挤压变形并剪出破坏。从图 3-34 可知，应变的整体响应特征与实际观察到的边坡破坏情况相类似，故在进行边坡损伤监测时，可以采用应变场监测方式对边坡易损伤区域进行重点布设，从而达到预防边坡失稳变形的目的。

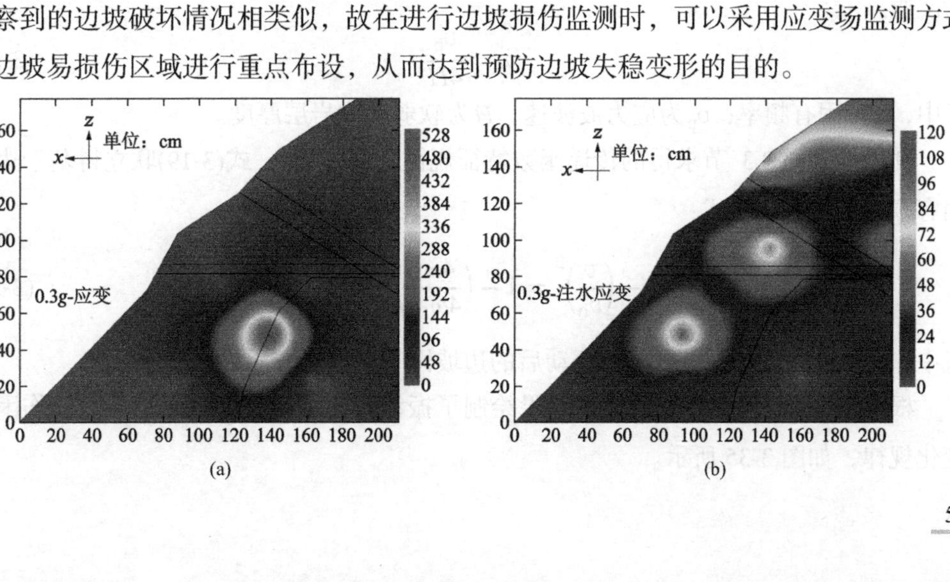

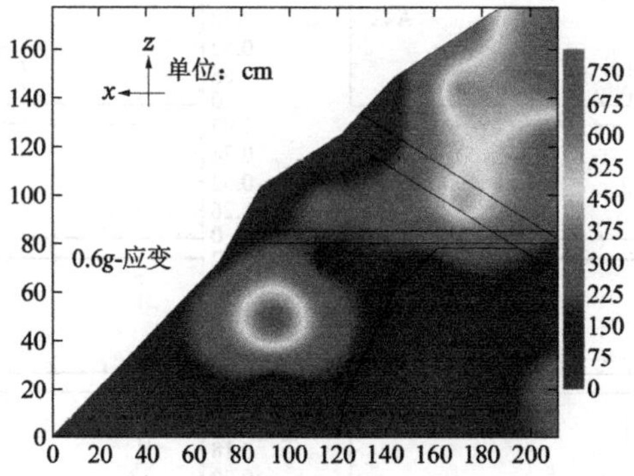

(c)

图 3-34　不同工况下的边坡应变云图

（a）0.3g；（b）降雨后 0.3g；（c）0.6g

3.3.2　基于频率域的边坡损伤演化规律

模型边坡在降雨注水和地震影响下，会逐渐产生张拉裂隙，进而破坏。为了定量描述复杂岩质边坡的损伤效应，基于传递函数、波速损伤公式和 Nakata 弹性波理论构建了自振频率和岩体损伤之间的表达公式。

在传统爆破工程分析中，采用波速可对工程岩体的质量进行评估分析[19]，其基本理论公式如式(3-18)所示。而根据 Nakata 等利用反卷积干涉测量法发现波速传播时间与固有频率之间存在一定的衰减规律，其固有频率接近为传递时间的 1/4[20]。根据刘新荣等[21]的结果，当地震波在半无限空间的覆盖层内传递时，波速、固有频率和软弱层厚度之间存在式(3-19)的关系。

$$D = 1 - \frac{E}{E_0} = 1 - \left(\frac{v}{v_0}\right)^2 \tag{3-18}$$

式中，E为损伤后弹性模量；E_0为初始弹性模量；v为损伤后岩体的波速；v_0为岩体初始波速。

$$\omega = \frac{v_{\mathrm{p}}}{4H} \tag{3-19}$$

式中，ω为固有频率；v_{p}为应力波波速；H为软弱层或岩层厚度。

则根据第 3.2.3 节求得的传递函数特征规律和式(3-18)、式(3-19)联立得基于边坡固有频率的损伤表达式：

$$D = 1 - \left(\frac{v}{v_0}\right)^2 = 1 - \left(\frac{4\omega H}{4\omega_0 H}\right)^2 = 1 - \left(\frac{\omega}{\omega_0}\right)^2 \tag{3-20}$$

式中，ω为初始固有频率；ω_0为振动后的边坡固有频率。

根据式(3-20)和传递函数计算结果绘制了振动台模型边坡随加载工况的损伤因子变化规律，如图 3-35 所示。

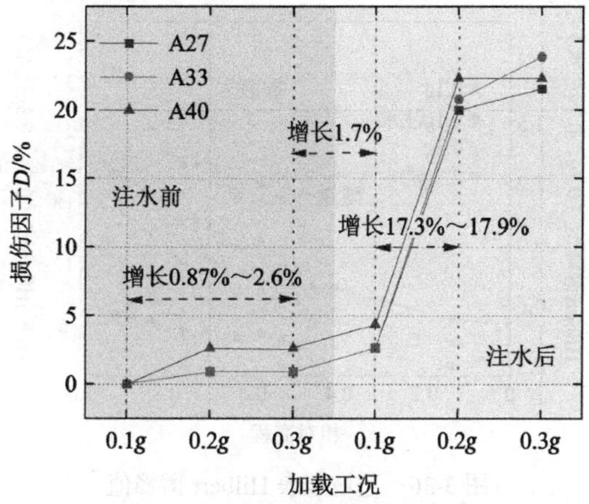

图 3-35　边坡损伤因子变化规律

由图 3-35 可知，在降雨前，随着地震动幅值的增大，边坡损伤因子逐渐增大，而 A27 和 A33 处较为稳定。当降雨作用后，边坡各点损伤因子均有一定程度的增大，说明在降雨作用下，坡表各点均出现了一定的裂隙损伤。降雨后当地震波幅值为 0.2g时，坡表处的损伤因子出现了跳跃性增长。因此可以发现，隧道上方区域出现了明显的损伤变形，从而导致该区域损伤因子的增大。边坡损伤因子整体呈现 S 形变化趋势，存在某个地震动幅值瞬间导致边坡损伤因子骤增，边坡失稳破坏。

3.3.3　基于 Hilbert 及边际谱特征的边坡损伤识别分析

地震波在边坡内部进行由下至上的传播过程中，由于受到侵入岩、衬砌结构和碎裂岩结构的相互作用而产生了复杂的波场反射效应。当边坡内部存在裂隙损伤时，地震波会在此产生一定的能量耗散和传播路径改变。上述现象在 Hilbert 能量谱和边际谱中体现的即是谱峰值和频率区间的差异性，因此，根据坡表典型测点时程曲线，分别对其 Hilbert 能量谱和边际谱峰值进行求解，绘制出了其随相对高程的变化趋势，并将注水前后的谱峰值进行了对比分析。

图 3-36 展示了边坡坡表的 Hilbert 能量谱峰值变化规律。从中可以发现，在降雨前后 0.3g振幅作用下，坡顶区域谱峰值没有出现小于降雨前工况的情况，而是逐渐增大。这是因为在试验过程中，边坡坡顶区域在降雨注水以及振动作用下，首先产生裂隙，而后形成一定的土石混合体包裹传感器，从而造成边坡坡顶区域的 Hilbert 能量谱增大。同时，对碎裂岩区域的 Hilbert 谱谱峰值进行分析，0.1g工况下从基岩向上传递到碎裂岩时，Hilbert 谱峰值衰减 6.5%；0.1g降雨后工况下，谱峰值衰减 2.38%；0.3g 工况下，谱峰值增幅为 3.79%；0.3g降雨后工况下，谱峰值增幅为 20.8%。上述现象说明降雨会导致碎裂岩表面充水饱和，进一步会引起 Hilbert 能量谱的放大效应。

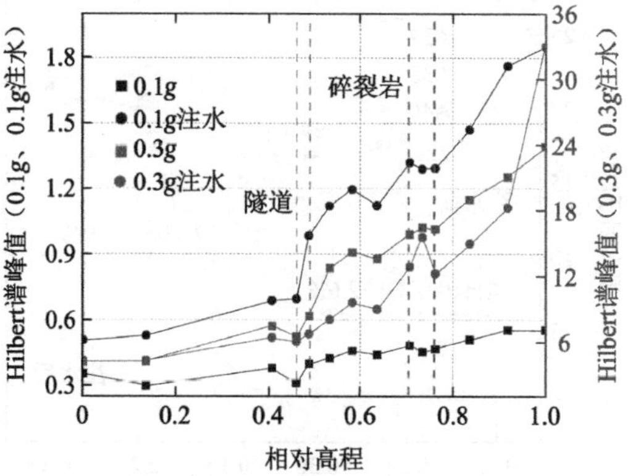

图 3-36　边坡坡表 Hilbert 谱峰值

图 3-37 绘制了降雨前后的边际谱峰值变化特征图。为进一步对比降雨前后边际谱峰值的放大效应，对图内测点从 0.1g 到 0.3g 的边际谱放大系数进行计算，如表 3-2 所示。

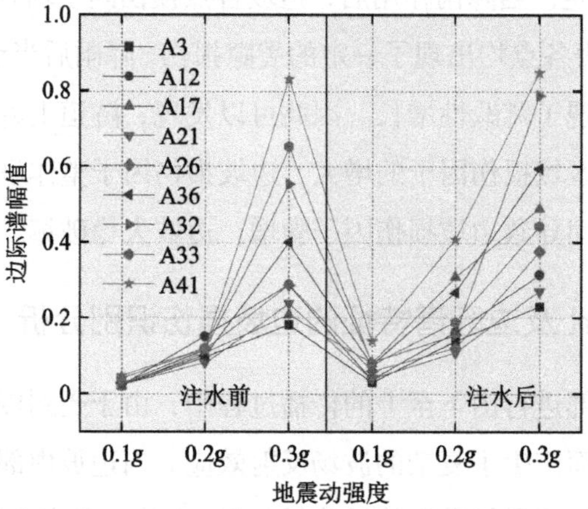

图 3-37　降雨前后边际谱峰值变化特征

降雨前后边坡测点从 0.1g 到 0.3g 的谱峰值放大系数　　表 3-2

工况	A3	A12	A17	A21	A26	A36	A32	A33	A41
降雨前	8.35	12.42	9.81	10.39	10.58	13.66	19.8	16.97	18.15
降雨后	7.44	8.55	6.09	6.87	6.31	7.77	9.51	5.78	6.12
衰减	10.90%	31.16%	37.92%	33.88%	40.36%	43.12%	51.97%	65.94%	66.28%

结合表 3-2 和图 3-37 可以发现，边际谱幅值随着地震幅值的增大而增大，一般在坡顶处易取得极值。同时，对比降雨前后测点从 0.1g 到 0.3g 工况的幅值放大系数可以发现，降雨后的边际谱幅值明显小于降雨前的加速度峰值。因此，当地震加载工况为 0.3g 时，边坡部分区域已经开始损伤变形，其放大系数变化越剧烈，该区域的损伤程度也就越严重。

3.3.4　边坡动力破坏模式分析

复杂地质边坡受地质构造、岩性等内部因素，降雨和地震等外界因素影响而形成多样化的边坡失稳破坏形式。因此研究复杂边坡在地震-降雨共同作用下的破坏模式对边坡防灾减灾具有重要的实际意义。基于破坏演化图片（图 3-38）、破坏现象分析以及时-频域参数响应特征等研究内容，本章研究的地震-降雨共同作用下含隧道-侵入岩-碎裂岩带复杂地质边坡的变形破坏模式为：

（1）坡顶和碎裂岩由于受加速度放大效应影响而首先出现张拉裂缝破坏，碎裂岩带产生一定的压缩变形。

（2）当降雨作用结束后，坡顶裂缝迅速扩展，张拉裂缝向深部扩展；碎裂岩带由于渗透系数和孔隙比较大造成压缩沉降现象加重，并形成多组挤压裂隙。

（3）当地震动幅值逐渐增大时，碎裂岩带进一步压缩-变形-弯曲-剪断，并造成下部基岩的溃屈挤压破坏；上部由于降雨作用，在高幅值地震作用下形成混合体向外剪出，并造成多组后缘张拉裂隙出现。

（4）上部坡体自重和地震动共同作用挤压碎裂岩带向外剪出，坡体和隧道区域破坏严重，上部坡体主要由第二变坡点剪出破坏。

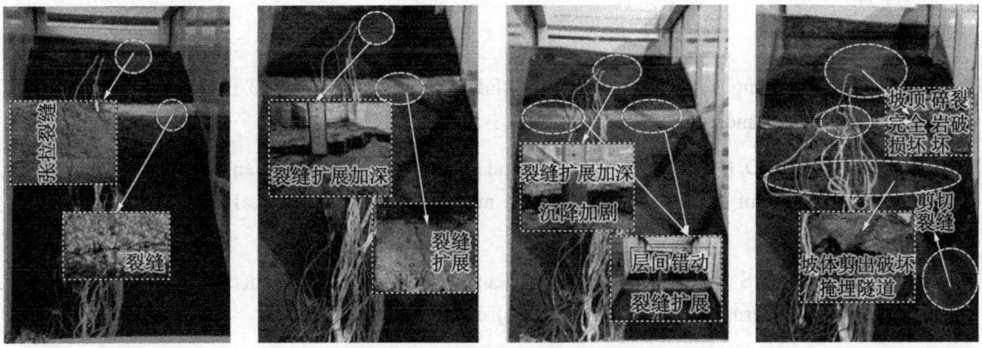

图 3-38　边坡破坏演化过程

因此，地震-降雨共同作用下研究区域复杂地质边坡的主要破坏模式可概括为：坡顶张拉破坏—碎裂岩带压缩弯曲并变形剪断—张拉裂隙扩展—变坡点挤压剪出破坏。

3.4　小结

本章以中国西部区域某复杂地质边坡为例，从多角度探究了在地震及降雨作用下多级动荷载对区域不同岩性岩石的动力响应与损伤演化规律。其主要结论如下：

（1）花岗岩在循环加卸载过程中，滞回圈形状为“尖叶状”并且相隔距离保持不变，残余应变逐渐累积增大，整体呈现线性递增趋势。片麻岩在加卸载过程中，滞回圈形状由“尖叶状”逐渐转变为“椭圆状”，其形状越来越饱满圆润，并且滞回圈距离呈现“疏—密—疏”的变化趋势。随着应力或频次的增大，岩石试件的损伤因子逐渐向 1 靠拢，均具有明显的非线性演化规律，损伤增长趋势符合指数函数变化。

（2）边坡坡表和坡体内部具有典型的高程放大效应。第一个变坡点和隧道上方坡体区域主要受x向地震波影响，边坡侵入岩区域和相对高程 0.3 以下区域更容易受z向地震波影响。降雨后边坡坡顶区域的动力响应更加强烈，并且边坡整体的加速度放大区域逐渐向侵入岩区域扩展。降雨结束前后，傅里叶谱出现明显的分化特征。此外，降雨会导致碎裂岩表面充水饱和，进而引起 Hilbert 能量谱的放大效应。

（3）含碎裂岩带边坡的动力破坏模式为：坡顶和碎裂岩首先出现张拉裂缝破坏，碎裂岩带产生一定的压缩变形。当降雨作用结束后，坡顶裂缝迅速扩展，张拉裂缝向深部扩展；并形成多组挤压裂隙。当地震动幅值逐渐增大时，碎裂岩带进一步压缩—变形—弯曲—剪断，并造成下部基岩的溃屈挤压破坏。上部由于降雨作用，在高幅值地震作用下形成混合体并向外剪切破坏。

参考文献

[1] Zhang S, Li C, Peng J Y, et al. Fatal landslides in China from 1940 to 2020: occurrences and vulnerabilities[J]. Landslides, 2023, 20(1): 1243-1264.

[2] Zhang D F, Wang J D, Qi L R, et al. Initiation and movement of a rock avalanche in the Tibetan Plateau, China: insights from field observations and numerical simulations[J]. Landslides, 2022, 19(11): 2569-2591.

[3] Cui P, Ge Y G, Li S J, et al. Scientific challenges in disaster risk reduction for the Sichuan-Tibet Railway[J]. Engineering Geology, 2022, 309(1): 106837.

[4] Huang R Q, Li W L. Post-earthquake landsliding and long-term impacts in the Wenchuan earthquake area, China[J]. Engineering Geology, 2014, 182(1): 111-120.

[5] Cui S, Pei X, Yang H, et al. Bedding slope damage accumulation induced by multiple earthquakes[J]. Soil Dynamics and Earthquake Engineering, 2023, 173(5): 108157.

[6] 中华人民共和国住房和城乡建设部. 工程岩体试验方法标准: GB/T 50266—2013[S]. 北京: 中国计划出版社, 2013.

[7] 刘汉香, 别鹏飞, 李欣, 等. 三轴多级循环加卸载下千枚岩的力学特性及能量耗散特征研究[J]. 岩土力学, 2022, 43(S2): 265-274+281.

[8] 王瑞红, 危灿, 刘杰, 等. 循环加卸载下节理砂岩宏细观损伤破坏机制研究[J]. 岩石力学与工程学报, 2023, 42(4): 810-820.

[9] 肖建清, 冯夏庭, 丁德馨, 等. 常幅循环荷载作用下岩石的滞后及阻尼效应研究[J]. 岩石力学与工程学报, 2010, 29(8): 1677-1683.

[10] 苗胜军, 刘泽京, 赵星光, 等. 循环荷载下北山花岗岩能量耗散与损伤特征[J]. 岩石力学与工程

学报, 2021, 40(5): 928-938.

[11] Yang C W, Tong X H, Chen G P, et al. Assessment of seismic landslide susceptibility of bedrock and overburden layer slope based on shaking table tests[J]. Engineering Geology, 2023, 323: 1-18.

[12] Song D, Liu X, Huang J, et al. Seismic cumulative failure effects on a reservoir bank slope with a complex geological structure considering plastic deformation characteristics using shaking table tests[J]. Engineering Geology, 2021, 286(1): 106085.

[13] Song D, Liu X, Li B, et al. Assessing the influence of a rapid water drawdown on the seismic response characteristics of a reservoir rock slope using time-frequency analysis[J]. Acta Geotechnica, 2021, 16(4): 1281-1302.

[14] Shi W, Zhang J, Song D, et al. Dynamic response characteristics and instability mechanism of high-steep bedding rock slope at the tunnel portal in high-intensity seismic region[J]. Rock Mechanics and Rock Engineering, 2024, 57(1): 827-849.

[15] Bontemps N, Lacroix P, Larose E, et al. Rain and small earthquakes maintain a slow-moving landslide in a persistent critical state[J]. Nature Communications, 2020, 11(1): 780.

[16] Song D, Liu X, Huang J, et al. Energy-based analysis of seismic failure mechanism of a rock slope with discontinuities using Hilbert-Huang transform and marginal spectrum in the time-frequency domain[J]. Landslides, 2020, 18(1): 105-123.

[17] Huang N E, Wu Z. A review on Hilbert-Huang transform: Method and its applications to geophysical studies[J]. Reviews of Geophysics, 2008, 46(2): 1-23.

[18] 曹树谦, 张文德, 萧龙翔. 振动结构模态分析: 理论,实验与应用[M]. 天津: 天津大学出版社, 2001.

[19] 朱传云, 喻胜春. 爆破引起岩体损伤的判别方法研究[J]. 工程爆破, 2001, 210(1): 12-16.

[20] Nakata N, Snieder R. Monitoring a building using deconvolution interferometry. Ⅱ: Ambient-vibration analysis[J]. Bulletin of the Seismological Society of America, 2014, 104(1): 204-213.

[21] 刘新荣, 王龚, 许彬, 等. 消落带劣化下含锯齿状结构面岩质边坡动力响应机制研究[J]. 岩石力学与工程学报, 2022, 41(12): 1-12.

第 4 章

库水作用下含软弱结构面岩质边坡的动力响应与变形特征研究

随着我国大型工程建设日益增多，如三峡水库、锦屏一级水电站等，随之而来的滑坡灾害日益增多，对人民的居住环境及生命财产安全产生极大威胁[1]。我国西面有印度洋板块，东面有菲律宾板块和太平洋板块。两个板块向欧亚板块挤压，导致板块边缘处及大陆内部断裂带繁多[2]。我国西部山区地形复杂，频繁的地震诱发了大量的滑坡，尤其是地震滑坡是西部地区主要的地震灾害之一[3]。

近年来，地震滑坡对我国造成巨大损失[4-6]。2008 年“5·12”汶川地震是我国历史上诱发滑坡数量、规模及分布最多最为密集的震害[5,7-8]。该地震诱发约 56000 处滑坡和崩塌，死亡人数超过 20000 人[9-12]。汶川地震后的滑坡灾害空间分布规律揭示地震滑坡具有一定的地形及地质效应，在这些部位地震出现一定的放大现象[13-16]。但是，地表强震观测记录难以全面揭示地形及地质对地震的放大特性。此外，岩质边坡在长期地质作用下产生大量的不连续节理等，甚至形成贯通性结构面，并将岩体切割成块体[17-19]。不连续性及地质材料的复杂性导致边坡的地震稳定性变得更加复杂[17,20]，难以定量评价岩质边坡的动力稳定性[21-22]。因此，含软弱结构面岩质边坡的地震动力响应及稳定性是岩土工程及地震工程中的一项重要研究课题。

库水位变化是边坡稳定性的重要影响因素之一[23-25]。在库水位波动过程中，孔隙水压力和渗流压力随着库水入渗至坡内而逐渐增大，进而影响边坡稳定性[26-27]。统计资料显示，将近 90%的库岸滑坡与水具有密切关系[28]，在库岸滑坡的众多诱因中，水是最活跃和最难定量研究的诱发因素[29]。因此，在我国西部地区的大型水利工程建设中，库岸边坡稳定性是不容忽视的工程问题。

含软弱结构面岩质边坡是我国西部山区常见的地质体，但是对该类型边坡动力稳定性的研究还不够深入。另外，库水作用也是一项影响库岸边坡稳定性的重要因素，针对地震及库水作用下的含软弱结构面岩质边坡地震动力响应规律的研究日益受到关注。本章以某岸坡为例，利用有限元方法、振动台试验和理论分析方法，基于时间域、频率域及时频域，研究了地震及库水作用下含软弱结构面岩质边坡的动力响应、变形演化规律、震害识别方法及动力破坏机制。

4.1 基于数值计算的边坡固有特性及动力响应分析

4.1.1 工程地质及水文条件

研究区位于我国西北地区的金沙江流域，地势总体上呈西北高东南低。岸坡地形陡缓相间，靠近金沙江边的坡度较陡，坡向约 69°，倾向约 339°，坡角 60°～85°，自然坡度平均约 40°，岩体以强、弱风化为主。坡表中部为近水平向的平台。岸坡内节理裂隙十分发育，岩体卸荷作用较为强烈，发育有多处不良质体，主要为Ⅳ级和Ⅴ级结构面。坡表覆盖层薄，主要为坡崩积角砾土和块碎石土等，其地质剖面图见图 4-1。该岸坡具有三条顺向软弱结构面及多条反倾软弱结构面，顺向结构面和反倾结构面的倾角分别约为 15°及 165°。顺向结构面的间距约为 30m，反倾结构面的间距约为 35m。岸坡岩性主要由中风化片理化玄武岩、中风化砂质板岩及断层破碎带组成，坡表为强风化砂质板岩，其中桥墩和锚碇位于中风化砂质板岩区域。

研究区内多年平均气温约为 15.1℃，年降水量范围为 500～800mm/a。区内的径流主要补给方式包括高山融雪和降雨。冬季为枯水季节，区内气温较低，降雨及融雪水较少，径流量较小。夏季气温较高，属于汛期，降雨及融雪量大，径流量大。孔隙水和基岩裂隙水组成了桥址区的地表水。在桥址附近，地下水相对埋藏较深，未见明显的地下水出露，平硐内可以发现少量地下水渗出。

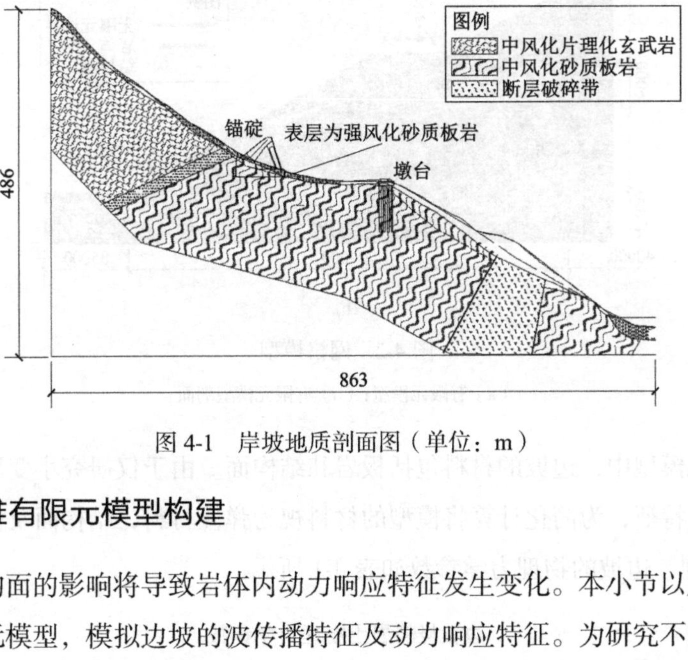

图 4-1　岸坡地质剖面图（单位：m）

4.1.2　三维有限元模型构建

由于结构面的影响将导致岩体内动力响应特征发生变化。本小节以岸坡为原型建立三维有限元模型，模拟边坡的波传播特征及动力响应特征。为研究不同类型软弱结构面及其组合对岩质边坡的地震响应特征的影响，建立 4 个有限元模型。模型 1～4 分别为均质边坡、顺层边坡、反倾边坡和含不连续结构面边坡，模型如图 4-2 所示。模型尺寸为 829000mm × 390000mm × 361000mm，边坡坡度约为 40°，模型中采用 C3D8 单元模拟结构面和岩石，结构面的网格宽度为 1m，板岩区域岩体采用边长为 5m 的四方形网格进行模拟。在模型边缘设置无限单元边界，模拟半无限地面条件。

模型中采用无限元边界法模拟边坡的无限地基，选择卓越频率为 3～5Hz 的水平方向雷克子波作为输入波形，并将其在模型底部输入以模拟地震动，地震波的峰值为 0.74m/s^2。同时，采用无限元模拟远场区域的地震波传播，利用有限元模拟近场区域的地震波传播，在坡表施加静水荷载用以模拟库水作用。

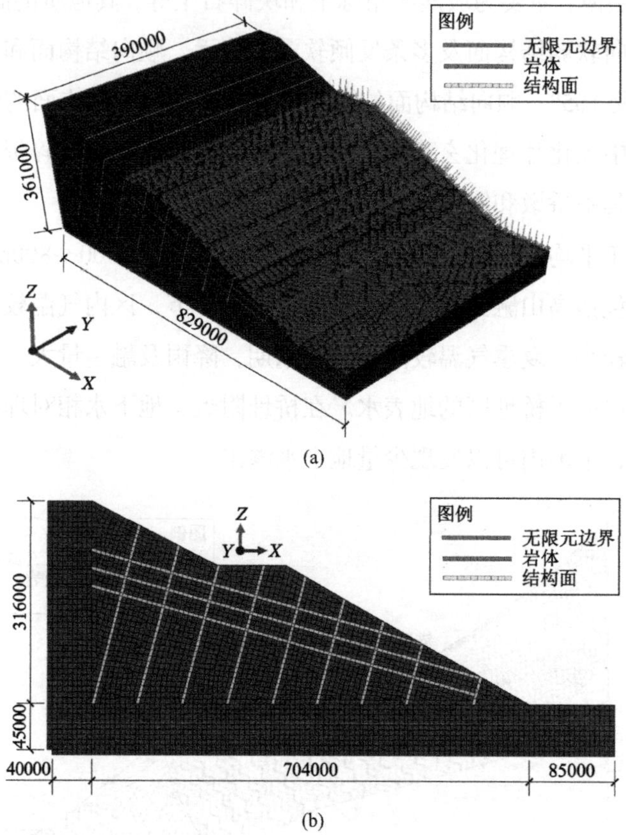

图 4-2　网格模型

（a）有限元模型；（b）有限元模型剖面

在有限元模型中，边坡的材料包括板岩和结构面。由于仅研究小变形条件下的边坡的动力响应特征，为简化计算将模型的材料视为弹性材料，结构面及板岩材料采用莫尔-库仑准则，边坡的物理力学参数如表 4-1 所示。

边坡材料岩土物理力学参数　　表 4-1

物理力学参数	重度γ/（kN/m^3）	泊松比μ	弹性模量E/GPa	内摩擦角φ/°	黏聚力c/kPa
中风化砂质板岩	28.5	0.30	10.0	49.0	2300
软弱结构面	24	0.40	0.6	36.1	1200

4.1.3　模态分析

为研究固有频率对岩质边坡的变形特征的影响，采用 ABAQUS 隐式求解功能中的线性摄动分析步进行模态分析。4 种类型边坡的模态分析结果如图 4-3～图 4-6 所示，第一阶振型为边坡的主要动力变形特征。

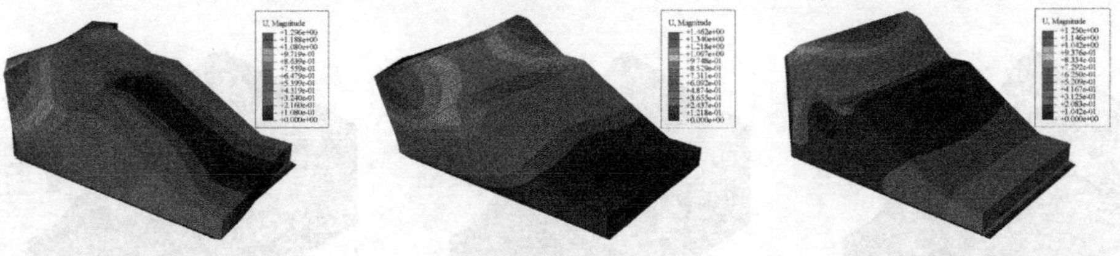

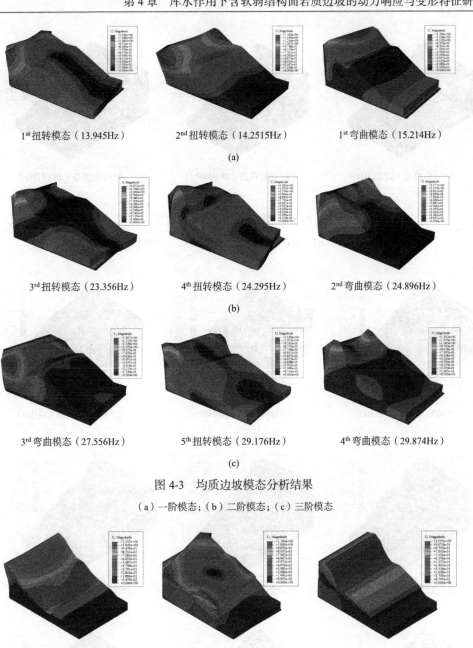

1st 扭转模态（13.945Hz）　2nd 扭转模态（14.2515Hz）　1st 弯曲模态（15.214Hz）

(a)

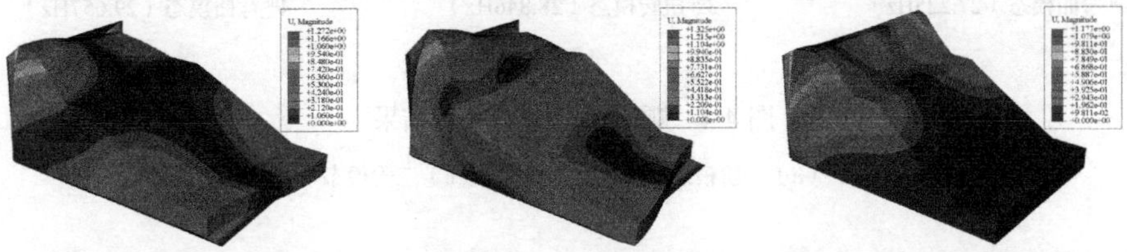

3rd 扭转模态（23.356Hz）　4th 扭转模态（24.295Hz）　2nd 弯曲模态（24.896Hz）

(b)

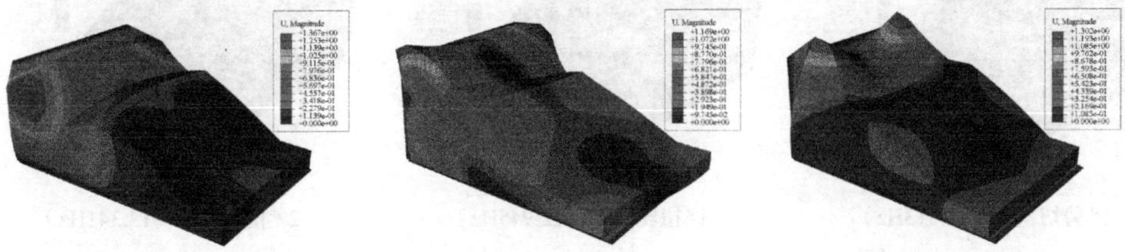

3rd 弯曲模态（27.556Hz）　5th 扭转模态（29.176Hz）　4th 弯曲模态（29.874Hz）

(c)

图 4-3　均质边坡模态分析结果

（a）一阶模态；（b）二阶模态；（c）三阶模态

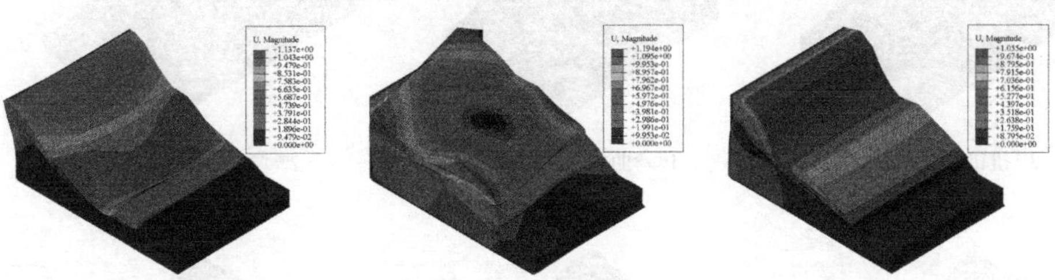

1st 剪切模态（13.345Hz）　2nd 剪切模态（13.515Hz）　1st 扭转模态（14.321Hz）

(a)

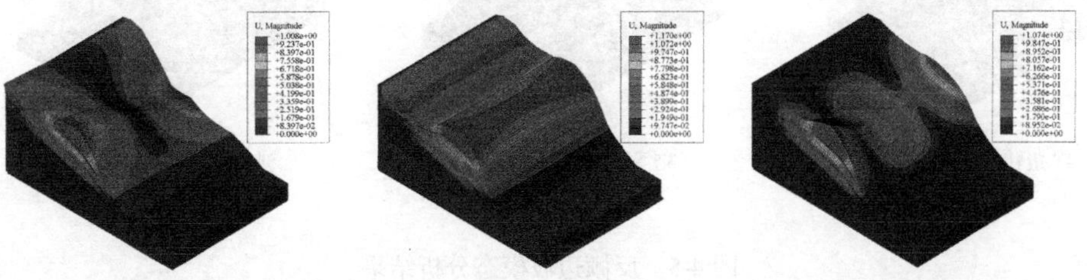

2nd 扭转模态（23.173Hz）　1st 弯曲模态（23.910Hz）　2nd 弯曲模态（24.621Hz）

(b)

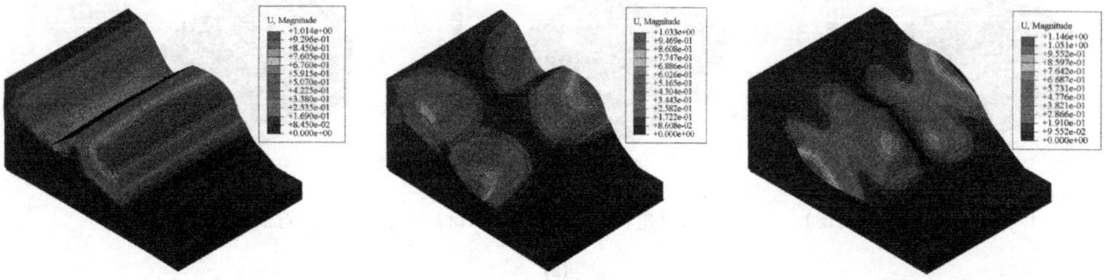

3^{rd}弯曲模态（27.225Hz）　3^{rd}扭转模态（28.846Hz）　4^{th}弯曲模态（29.657Hz）

(c)

图 4-4　顺层边坡模态分析结果

（a）一阶模态；（b）二阶模态；（c）三阶模态

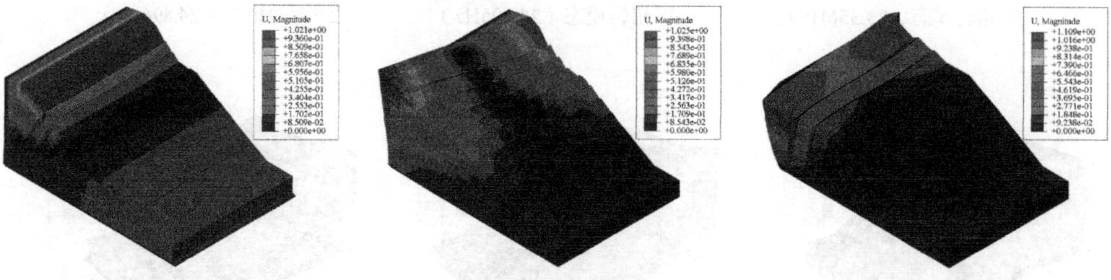

1^{st}剪切模态（12.513Hz）　1^{st}扭转模态（12.945Hz）　2^{nd}扭转模态（13.341Hz）

(a)

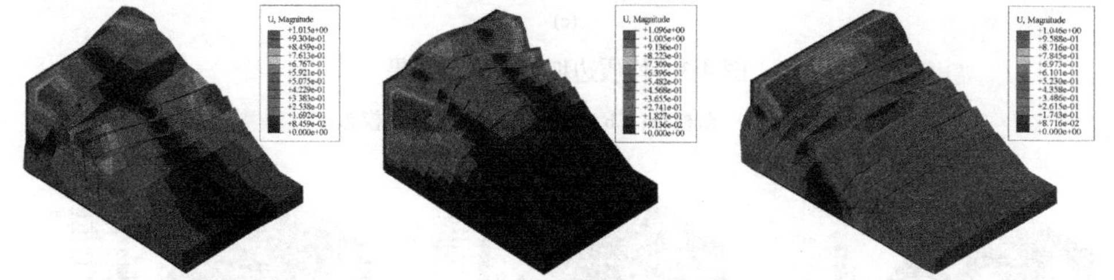

3^{rd}扭转模态（22.873Hz）　1^{st}弯曲模态（23.468Hz）　2^{nd}弯曲模态（24.332Hz）

(b)

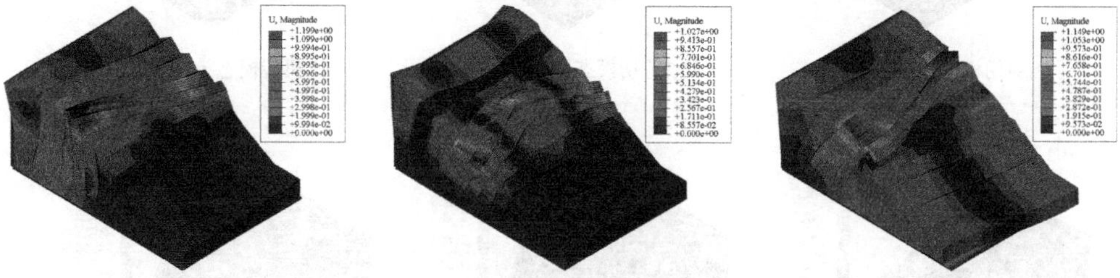

4^{th}扭转模态（26.925Hz）　3^{rd}弯曲模态（28.648Hz）　5^{th}扭转模态（29.451Hz）

(c)

图 4-5　反倾边坡模态分析结果

（a）一阶模态；（b）二阶模态；（c）三阶模态

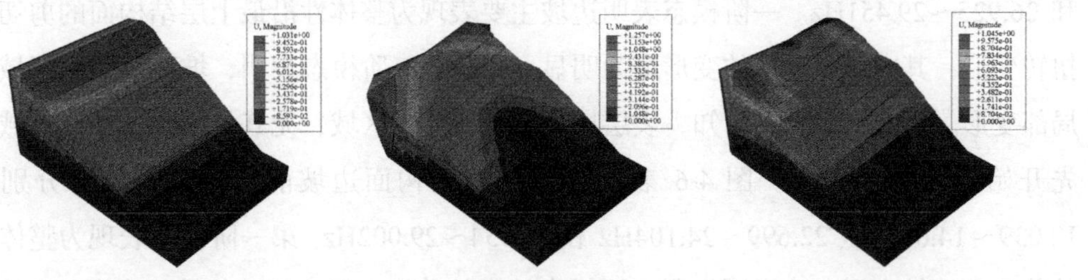

1st 剪切模态（12.039Hz）　　1st 扭转模态（14.590Hz）　　2nd 扭转模态（14.669Hz）

(a)

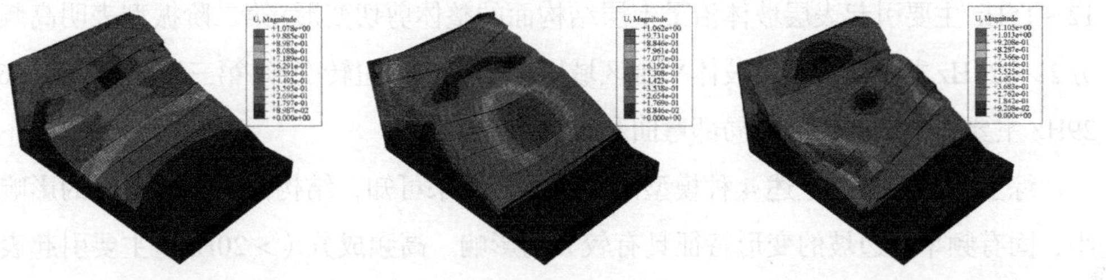

1st 弯曲模态（22.699Hz）　　2nd 弯曲模态（23.172Hz）　　3rd 扭转模态（24.104Hz）

(b)

3rd 弯曲模态（26.554Hz）　　4th 扭转模态（28.223Hz）　　5th 扭转模态（29.002Hz）

(c)

图 4-6　模型 4 模态分析结果

（a）一阶模态；（b）二阶模态；（c）三阶模态

由图 4-3 可知，均质边坡前 3 阶模态的固有频率约为 13.945～15.214Hz、23.356～24.896Hz 和 27.556～29.874Hz。由一阶模态可知，边坡主要表现为整体性扭转和弯曲变形，其中坡顶区域的变形最大；由二阶和三阶模态可知，主要表现为坡顶区域的局部变形。因此，均质边坡的前 3 阶模态分析结果均表明坡顶区域的变形最为明显。由图 4-4 可知，顺层边坡前 3 阶固有频率约为 13.345～14.321Hz、23.173～24.621Hz 和 27.225～29.657Hz。一阶模态表明边坡主要表现为整体性沿最上层结构面的剪切和弯曲变形，其中坡顶及平台区域的变形较大；由二阶和三阶模态可知，主要表现为表层坡体平台区域的局部变形。由顺层边坡的前 3 阶模态可知，最上层结构面以上的表层坡体为主要变形区域。

由图 4-5 可知，反倾边坡前 3 阶固有频率约为 12.513～13.341Hz、22.873～24.332Hz

和 26.925～29.451Hz。一阶模态表明边坡主要表现为整体性沿最上层结构面的剪切和扭转变形，其中坡顶区域的变形最为明显；二阶和三阶模态表明，坡顶及平台区域的局部变形。由前三阶模态可知，表层坡体为主要变形区域，尤其是坡顶及平台区域首先开始出现变形破坏。图 4-6 表明含不连续结构面边坡前三阶固有频率分别为 12.039～14.669Hz、22.699～24.104Hz 和 26.554～29.002Hz。第一阶模态表现为整体上的剪切和扭转变形，这说明地震主要触发坡表的剪切变形。相对位移*U*随着高程的增加而增大，在坡顶处达到最大值，这说明高程对坡体变形有放大效应。第一振型表明，12～15Hz 主要引起表层坡体沿最上层结构面的整体剪切变形；第二阶振型表明高频成分 22～24Hz 主要引起表层坡体平台区域以下的弯曲和扭转变形；第三阶振型表明 26～29Hz 主要引起坡顶区域的局部弯曲和扭转变形。

综上所述，通过上述 4 种模型的模态分析结果可知，结构面对固有频率的影响较小，固有频率对边坡的变形特征具有较大的影响，高频成分（> 20Hz）主要引起表层坡体的局部变形，主要集中在坡顶及平台区域；低频成分（12～15Hz）主要引起表层边坡的整体变形。此外，结构面对边坡的变形特征具有较大影响，结构面对边坡的变形具有明显的放大效应。

4.1.4 边坡动力响应特征分析

模型的PGA随高程的变化规律如图 4-7 所示。由图 4-7 可知，坡体内PGA整体上随高程增加而增加，坡表仅有均质边坡随高程增加而增加，其他模型均表现为先增加后减小趋势，这与结构面的存在具有密切关系。

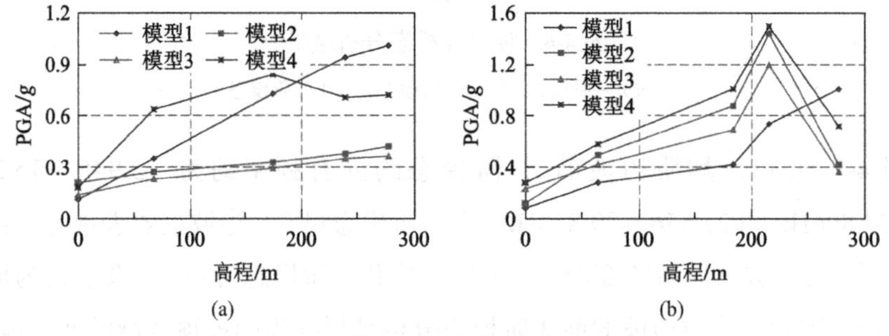

图 4-7 边坡PGA随高程的变化规律

（a）坡体内部；（b）坡表

为进一步研究 4 种模型边坡的动力加速度响应特征，4 种类型边坡的PGA分布图如图 4-8 所示。由图 4-8（a）可知，均质边坡中PGA沿高程增加而表现为增加趋势，在坡顶达到最大，坡表的PGA大于坡内，表明均质边坡具有明显的高程及趋表放大效应，在地震作用下坡顶附近将出现滑动破坏。由图 4-8（b）可知，顺层边坡的PGA最大值主要分布在最上层顺向结构面以上的平台区域，而顺层结构面以下的坡体的PGA很小，基本小于 0.3614g，而在表层坡体的平台区域PGA可以达到 1.325g以上，说明平台区域附近的地震稳定性最小，最上层顺层结构面对边坡具有明显的放大效应，并且为潜在的滑动面，在地震作用下该区域将沿着最上层结构面出现剪切滑动破坏。由图 4-8（c）可知，反倾边坡的PGA最大值主要分布在平台以上的坡表区域，并且沿着结构面间歇放大，PGA最大值出现在平台区域及靠近坡顶处，说明在地震作用下平台以上的区域将出现倾覆破坏。由图 4-8（d）可知，含不连续结构面岩质边坡的PGA分布较为复杂，顺向及反倾结构面的存在使地震波出现多次的反射及折射效应，导致地震波出现局部的叠加或抵消效应，PGA_{max}分布在表层坡体，提示在地震作用下表层坡体将出现滑动破坏。

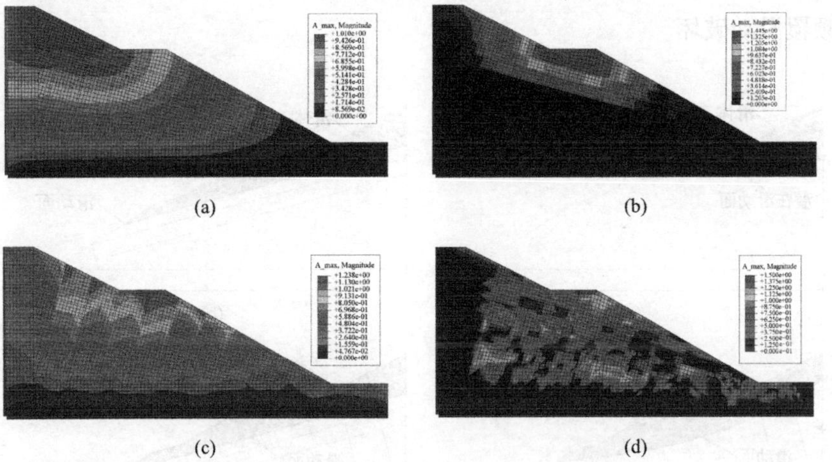

(a)　(b)　(c)　(d)

图 4-8　水平地震作用下边坡的PGA分布

（a）模型 1；（b）模型 2；（c）模型 3；（d）模型 4

对比 4 种模型的PGA分布可知，结构面对边坡的加速度放大效应影响较大，不同类型的结构面对边坡的放大效应的影响不同。顺向结构面以上坡体的放大效应明显大于结构面以下坡体的放大效应，反倾结构面使边坡放大效应表现为沿结构面的间歇式的分布特征，不连续结构面使边坡的放大效应出现十分不规则的分布，这些与结构面在边坡内的走向及分布特征具有密切关系。由图 4-8 可知，均质边坡、顺向边坡、反倾边坡和含不连续结构面边坡的PGA_{max}分别约为 1.01g、1.445g、1.238g和 1.5g，由此可知，4 种模型的加速度放大效应的大小顺序为：含不连续结构面边坡＞顺向边坡＞反倾边坡＞均质边坡。

4.1.5　地震作用下含软弱结构面岩质边坡破坏模式分析

通过有限元分析，可以推测出 4 种模型的地震破坏模式，如图 4-9 所示。由

图 4-9（a）可知，地震作用下均质边坡坡顶的放大效应最大，地震作用下坡顶区域将沿一定的弧形面出现滑动破坏。由图 4-9（b）可知，顺层岩质边坡的最上层结构面以上的表层坡体的放大效应明显大于最上层结构面以下的坡体，尤其是在平台附近区域的表层坡体的放大效应最大。在地震作用下平台区域附近的表层坡体首先发生破坏变形，在地震持续作用下破坏区域逐渐延伸至整个坡体，表层坡体将沿最上层结构面出现滑移破坏。由图 4-9（c）可知，反倾层边坡的表层坡体的放大效应最大，在地震作用下表层坡体将沿一定的滑面出现倾覆滑动破坏。由图 4-9（d）可知，含不连续顺向及反倾结构面岩质边坡的破坏模式最为复杂，边坡被顺向及反倾结构面分割为块体，在地震作用下表层坡体的结构面内将出现裂隙，随着地震作用增加块体逐渐形成。当地震作用达到一定值时，表层坡体将沿着最上层顺向结构面以块体的形式出现倾覆滑动破坏。

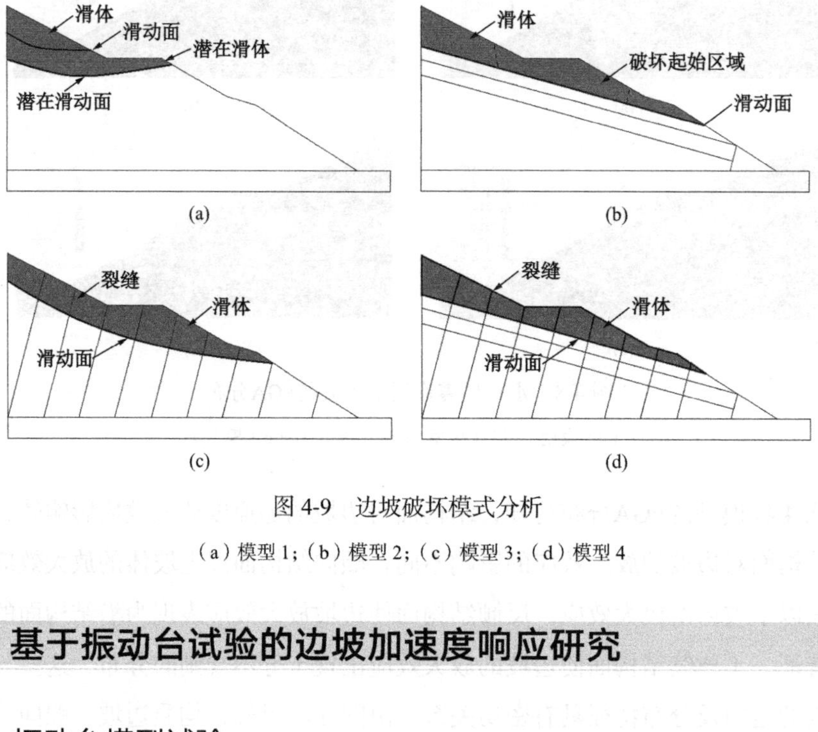

图 4-9 边坡破坏模式分析

（a）模型 1；（b）模型 2；（c）模型 3；（d）模型 4

4.2 基于振动台试验的边坡加速度响应研究

4.2.1 振动台模型试验

在实际边坡工程中，鉴于原位试验会受到周期长、耗费大量人力物力、野外采集数据易受干扰等不确定性因素的影响，振动台模型试验被用于研究各类边坡的动力响应。研究区内岩体地质构造复杂，地震及库水位波动是影响区内岸坡稳定性的主要因素。因此，模型边坡以金沙江大桥丽江岸坡为原型，将其简化为三条顺层结构面及多条反倾结构面，其岩性为中风化板岩，概化模型如图 4-10 所示。

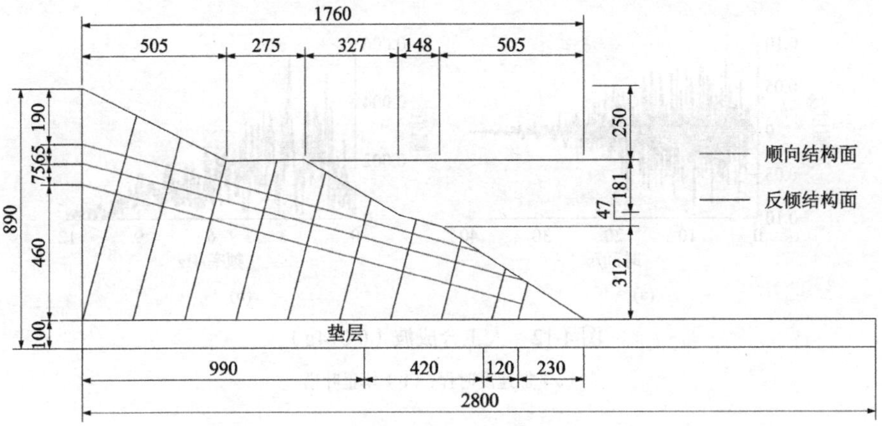

图 4-10　模型边坡剖面

为研究边坡的动力响应规律，将加速度传感器布设在坡体中间的纵剖面上，在坡面不同高程及坡内外共布设 20 个传感器，如图 4-11 所示。采用预制块堆叠为 4 层进行模型砌筑，为消除边界效应的不利影响，在模型底部设置 10cm 厚的垫层（图 4-11），采用与模型相同的材料进行铺设。本试验通过输入水平和垂直向的加速度时程模拟地震动，为研究近、远场地震波对边坡动力响应的影响，选取区内 AS 波及汶川地震波（WE 波）进行试验。AS 波的加速度时程及傅里叶谱如图 4-12 所示。WE 波的输入持时为 120s，卓越频率为 7.74Hz，WE 波的加速度时程及频谱如图 4-13 所示。在试验过程中，试验数据将不可避免地受到许多使数据波形畸变的不良因素影响。因此，在试验数据预处理过程中，利用 MATLAB 的批处理功能，采用 MATLAB 编程语言编制基线校正程序进行基线校正。

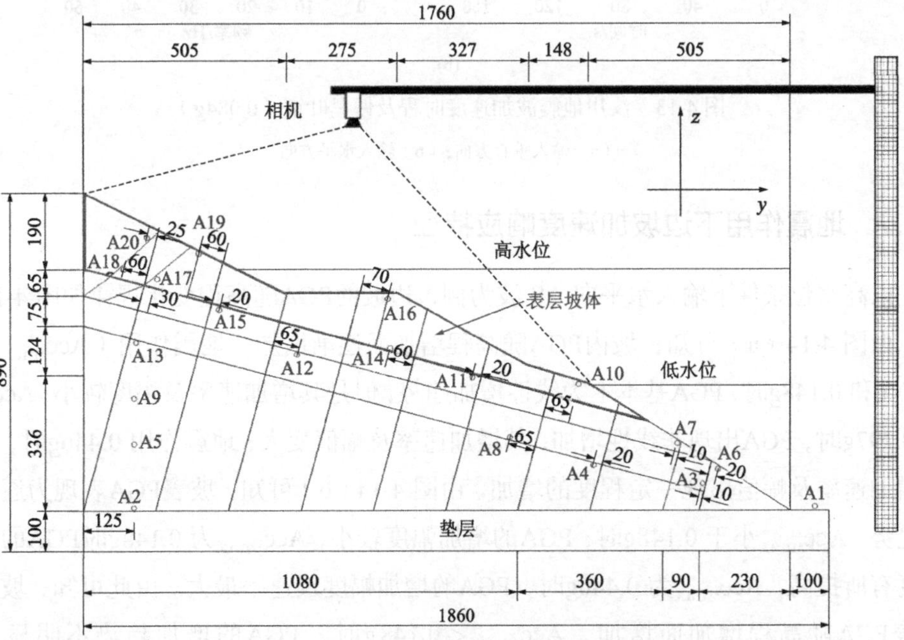

图 4-11　监测点布设方案

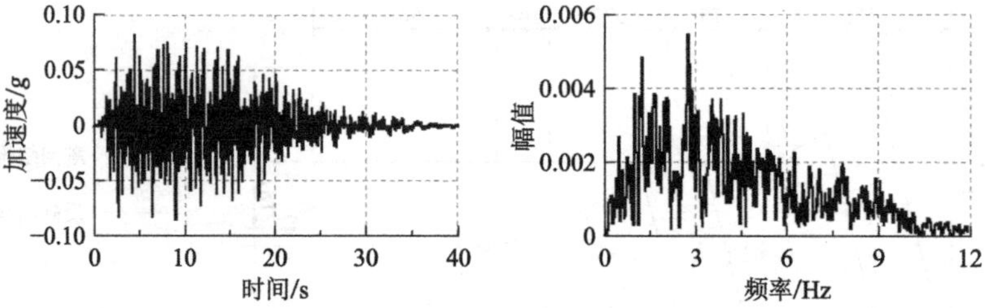

(a) (b)

图 4-12　人工合成波（0.074g）

（a）加速度时程；（b）傅里叶谱

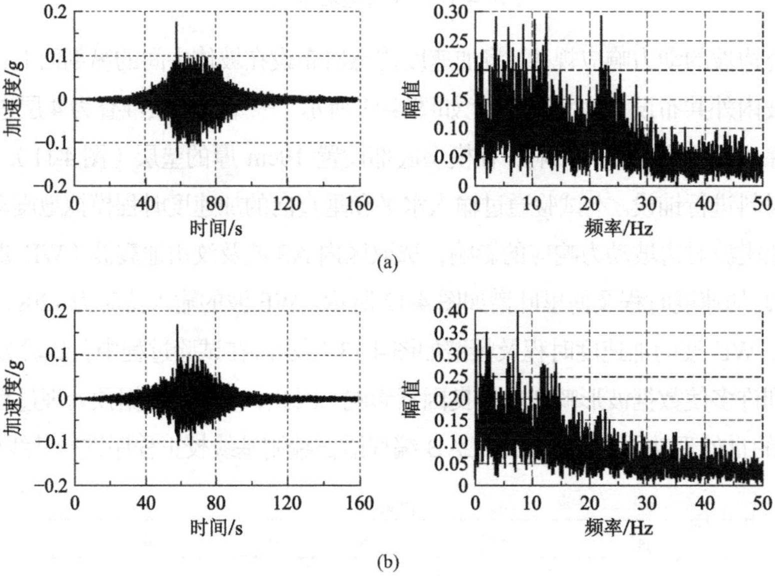

图 4-13　汶川地震波加速度时程及傅里叶谱（0.084g）

（a）输入垂直方向；（b）输入水平方向

4.2.2　地震作用下边坡加速度响应特征

以高水位条件下输入水平向 AS 波为例，边坡的PGA随高程变化规律如图 4-14 所示。由图 4-14（a）可知，坡内PGA随高程增加而逐渐增加，地震作用（$Acc._{max}$）为 0.074g和 0.148g时，PGA基本上为线性增加趋势，但是其增加速率及幅度较小；$Acc._{max}$为 0.297g时，PGA出现非线性增加，其增加速率及幅值变大；地震作用 0.446g时，PGA的增加速率及幅值出现一定程度的增加。由图 4-14（b）可知，坡表PGA表现为逐渐增加趋势，$Acc._{max}$小于 0.148g时，PGA的增加幅度较小，$Acc._{max}$为 0.148g时PGA的增加幅度有所提高，$Acc._{max}$为 0.446g时，PGA的增加幅度及速率最大。由此可知，坡内及坡表PGA随高程增加而增加，$Acc._{max} < 0.148g$时，PGA的增加趋势不明显，当$Acc._{max} = 0.297g$时，PGA出现明显的增加趋势。由此可知，边坡的动力响应特征具有

典型的高程放大效应，$Acc._{max} < 0.148g$时，边坡的高程放大效应较弱；$Acc._{max} > 0.297g$时，边坡的高程放大效应较强，并且随着$Acc._{max}$增加，高程放大效应逐渐增强。

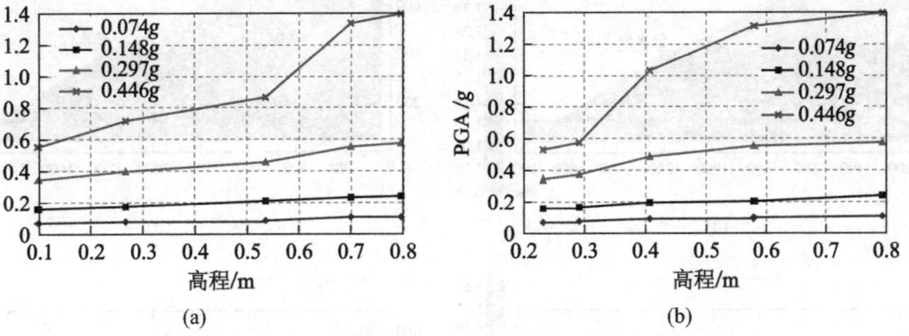

图 4-14　高水位水平 AS 波作用下PGA随高程变化规律

（a）坡内PGA；（b）坡表PGA

采用M_{PGA}进一步分析边坡的高程放大效应，其变化规律如图 4-15 所示。由图 4-15（a）可知，坡内M_{PGA}随着$Acc._{max}$的增加表现为逐渐增加趋势，其中$Acc._{max}$小于 0.297g时M_{PGA}的增加速率较缓，$Acc._{max} = 0.446g$时M_{PGA}的增加速率较快。由图 4-15（b）可知，坡表M_{PGA}随高程增加而逐渐增加，在$Acc._{max}$为 0.074g和 0.148g时M_{PGA}的增加速率较小，$Acc._{max} = 0.297g$时M_{PGA}的增加速率有所增加，$Acc._{max} = 0.446g$时M_{PGA}的增加速率最大。由此可知，坡内及坡表的M_{PGA}均随高程增加而增加，并且随着$Acc._{max}$的增加高程放大效应也逐渐增强。与PGA的分析结果对比可知，利用M_{PGA}分析边坡放大效应的物理意义更加明确，同时在$Acc._{max}$较小时边坡的高程放大效应更加明显，这为利用M_{PGA}分析边坡高程效应提供有效依据。

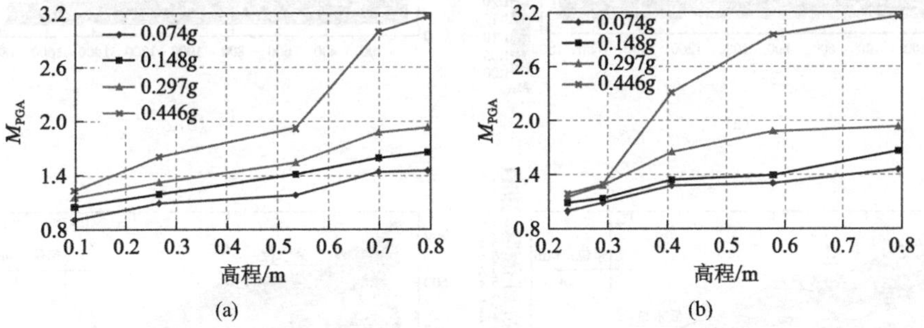

图 4-15　高水位水平 AS 波作用下M_{PGA}随高程变化规律

（a）坡内M_{PGA}；（b）坡表M_{PGA}

坡表地貌对边坡的地震响应具有重要的影响，坡表地貌的改变将引起地震波在坡体内传播特征的变化，边坡的动力响应也会随之出现相应改变。为深入探究这一现象，以输入水平 AS 波为例，不同激震强度作用下的M_{PGA}分布图如图 4-16 和图 4-17 所示。

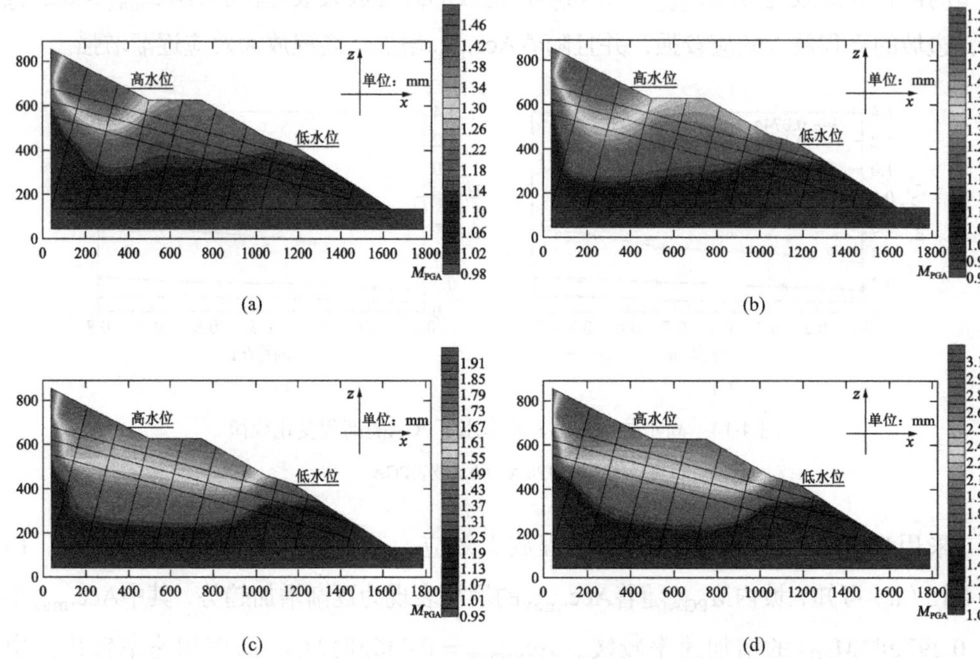

图 4-16　高水位不同水平 AS 波作用下M_{PGA}分布图

（a）0.074g；（b）0.148g；（c）0.297g；（d）0.446g

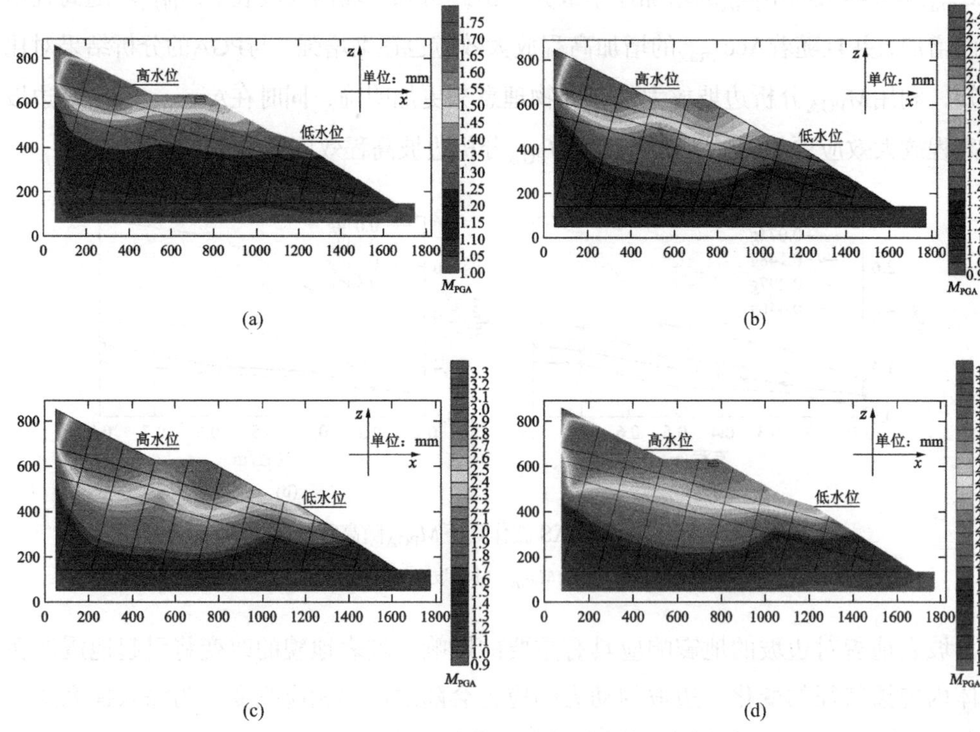

图 4-17　低水位不同水平 AS 波作用下M_{PGA}分布图

（a）0.074g；（b）0.148g；（c）0.297g；（d）0.446g

由图 4-16 和图 4-17 可知，$Acc._{max}$为 0.074g和 0.148g时，顺向结构面以上坡体的M_{PGA}较大，尤其是坡顶区域的M_{PGA}最大；$Acc._{max}$为 0.297g和 0.446g时，顺向结构面以上的坡体的M_{PGA}明显大于坡内。与$Acc._{max}$较小时不同，坡表平台区域的M_{PGA}出现了明显的增加，但是M_{PGA}最大值仍位于坡顶。由此可知，当$Acc._{max} < 0.148g$时，坡顶区域的M_{PGA}最大，坡内的M_{PGA}较小。同时，由图 4-16 和图 4-17 可知，平台区域的M_{PGA}大于周围相邻区域，这是由于平台区域坡度出现较大变化，使平台区域出现局部的应力集中现象，导致地震波在传播时出现能量集中效应，进而使平台区域的放大效应变大。因此，地震作用下边坡具有典型坡表效应，在坡表的放大系数较大，尤其是在表层坡体的微地貌发生变化时，将造成坡表局部区域的放大效应出现明显变化。

为进一步分析地震作用下含不连续面岩质边坡的坡表放大效应，以高水位输入 AS 波为例，相同高程条件下坡表与坡内的M_{PGA}的比值如图 4-18 所示，主要包括 4 个不同的高程的比值（A6、A7、A10 和 A16）。由图 4-18 可知，无论在垂直地震作用还是水平地震作用下，同一高程坡表与坡内的M_{PGA}的比值整体上大于 1.0，水平和垂直地震作用下M_{PGA}的比值主要在 1.15～1.4 范围内，这说明坡表的M_{PGA}明显大于坡内的M_{PGA}，地震作用下坡表具有明显的放大效应。地震波在坡内传播过程中，不同传播介质对地震波的反射或折射使波出现吸收或叠加效应，传播介质的不同也会引起坡内的动力响应出现放大或削弱效应。但是，当地震波到达坡表时，坡表作为自由面将使波传播出现快速放大效应，这也是坡表出现放大效应的主要原因。

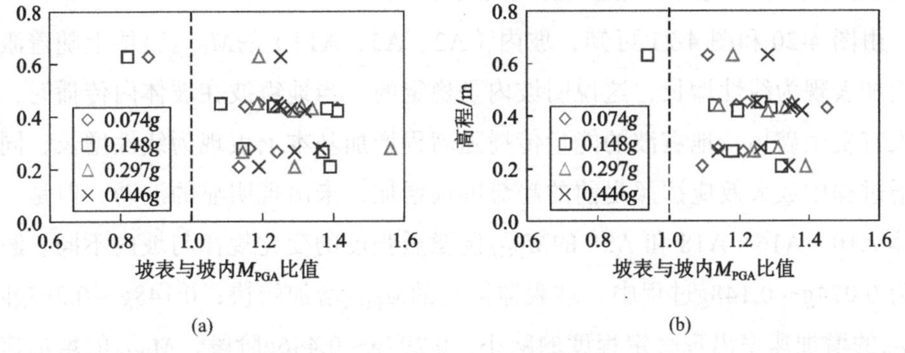

图 4-18　高水位条件下坡表与坡内M_{PGA}比值

（a）垂直地震作用；（b）水平地震作用

为分析结构面对岩质边坡动力响应规律的影响，以低水位输入 AS 波为例，坡内及坡表的PGA及M_{PGA}的变化规律如图 4-19 所示。

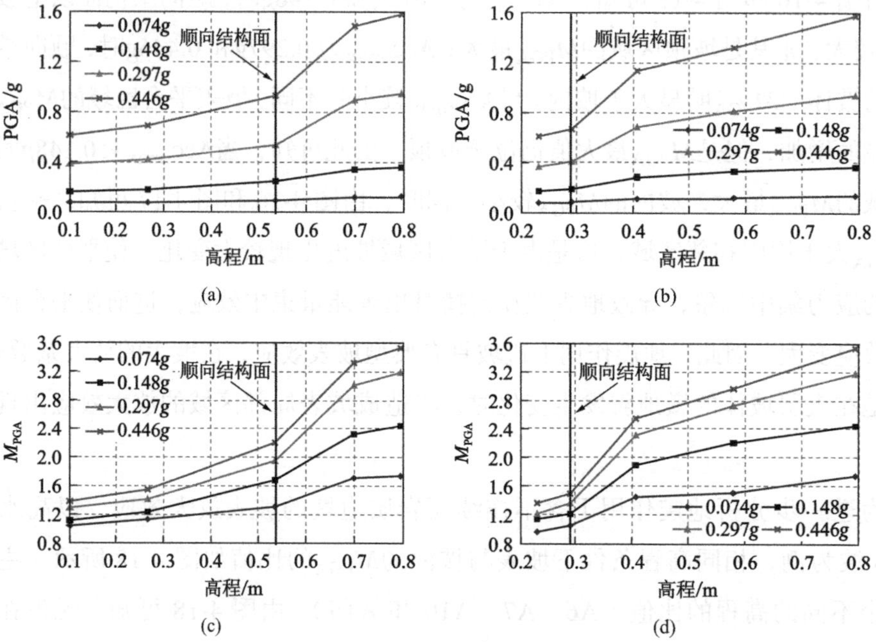

图 4-19　低水位水平 AS 波PGA及M_{PGA}变化

（a）坡内PGA；（b）坡表PGA；（c）坡内M_{PGA}；（d）坡表M_{PGA}

由图 4-19（a）和图 4-19（c）可知，在水平地震作用下，坡内顺向结构面以下区域的PGA及M_{PGA}随高程增加表现为线性增加趋势，尤其是顺向结构面以上坡体的PGA及M_{PGA}出现突增现象。图 4-19（b）和图 4-19（d）表明，在坡表顺向结构面以下区域，PGA及M_{PGA}沿坡面随高程增加表现为缓慢增加，而在结构面以上区域，PGA及M_{PGA}出现突增现象。这表明顺向结构面对边坡具有放大效应，地震波通过结构面时，地震波出现叠加现象，直接影响边坡的放大效应[30]。

由图 4-20 和图 4-21 可知，坡内（A2、A5、A13）的M_{PGA}整体上随着激震强度增加表现为线性增长，这说明坡内是稳定的。当地震波在坡体内传播时，若坡体没有发生破坏，地震波的能量传播随高程增加基本上表现为线性增长，同时在传播过程中放大效应按照之前的趋势继续增加，未出现明显的波动。但是，表层坡体 A10、A16、A18 和 A20 的M_{PGA}随激震强度的变化规律与坡内不同。激震强度为 0.074g～0.148g过程中，坡表监测点的M_{PGA}增加较快；0.148g～0.297g阶段，M_{PGA}的增加速率出现一定程度的减小；0.297g～0.446g阶段，M_{PGA}的增加速率进一步减小。这一现象说明在 0.074g～0.148g阶段，边坡未发生大变形，较为稳定；在 0.148g～0.297g阶段，边坡的放大系数的增加率减小，表层坡体开始出现裂缝等小变形；在 0.297g～0.446g阶段，放大系数增加率明显减小，边坡开始出现大变形滑动破坏。

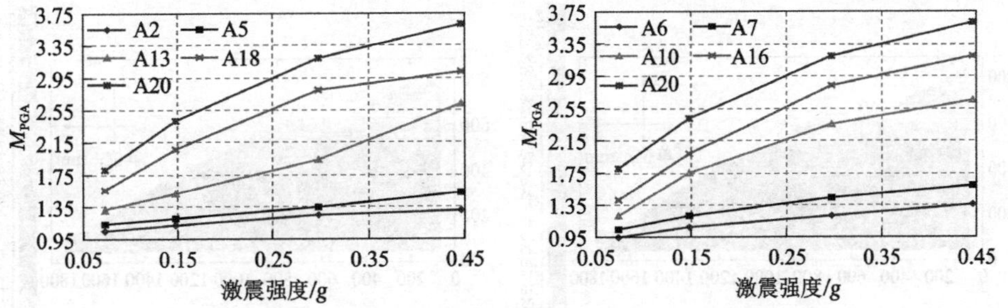

(a)　　　　　　　　　　　　(b)

图 4-20　低水位输入水平 AS 波M_{PGA}变化规律

（a）坡内；（b）坡表

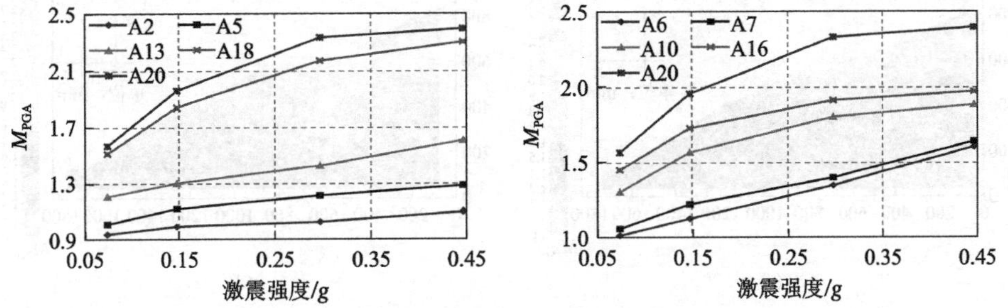

(a)　　　　　　　　　　　　(b)

图 4-21　低水位输入垂直 AS 波M_{PGA}变化规律

（a）坡内；（b）坡表

4.2.3　地震及库水位骤降作用下边坡动力响应特征

库水位波动将对库岸边坡稳定性产生较大的影响[31-32]，尤其是库水位下降是水库滑坡的关键触发因素[33-34]。为研究库水位骤降对边坡地震动力响应规律的影响，以输入水平及垂直 WE 波为例，高水位（库水位骤降前）及低水位（库水位骤降后）条件下边坡的M_{PGA}分布如图 4-22～图 4-25 所示。

由图 4-22 和图 4-23 可知，与库水位骤降之前的M_{PGAH}分布相比，水平地震作用下库水位骤降之后的M_{PGA}分布出现一定的变化。首先，库水位骤降后的M_{PGAL}在数值上出现一定程度的增加，当激震强度为 0.084g时，监测点 A20 的M_{PGAL}和M_{PGAH}分别为 2.11 和 2.56，A16 的M_{PGAL}和M_{PGAH}分别为 1.71 和 2.14；当激震强度为 0.336g时，监测点 A20 的M_{PGAL}和M_{PGAH}分别为 2.81 和 3.26，A16 的M_{PGAL}和M_{PGAH}分别为 2.07 和 2.78。通过分析可知，水平地震作用及库水位骤降作用下的M_{PGAH}是库水位骤降前M_{PGAL}的 1.2～1.4 倍。由图 4-22 和图 4-23 可知，库水位骤降后平台区域以下的表层坡体的M_{PGA}出现一定程度的增加，但是，整体上M_{PGAL}与M_{PGAH}的分布较为相似。这说明库水位骤降对边坡的M_{PGA}的分布规律未产生明显的影响，仅在幅值上使表层坡体的放大系数出现增加。

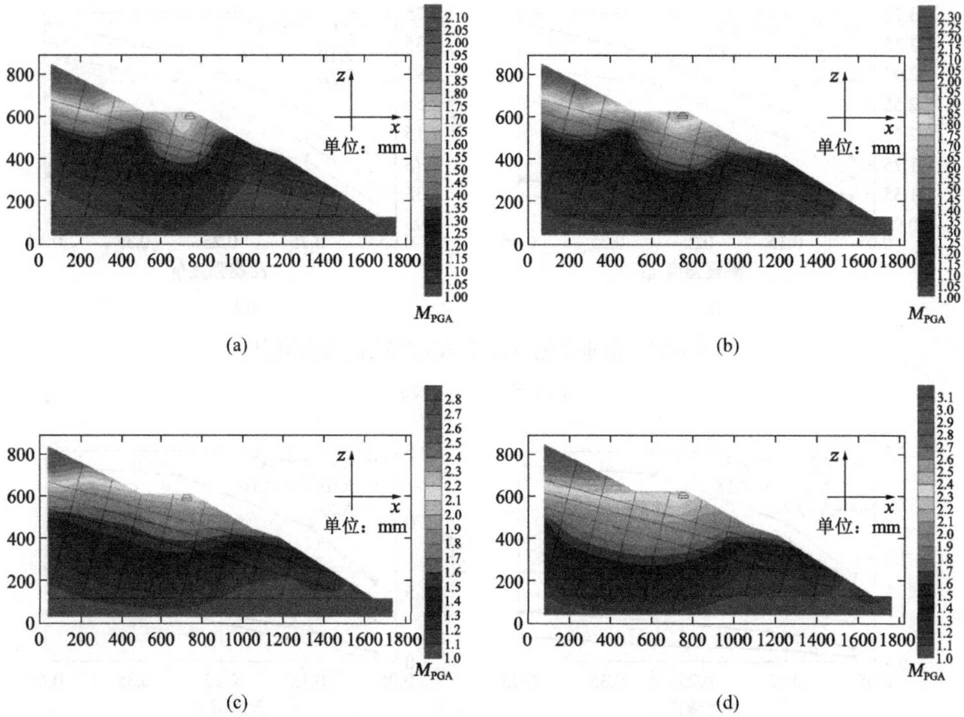

图 4-22　库水位骤降前输入水平 WE 波M_{PGA}分布

（a）0.084g；（b）0.168g；（c）0.336g；（d）0.504g

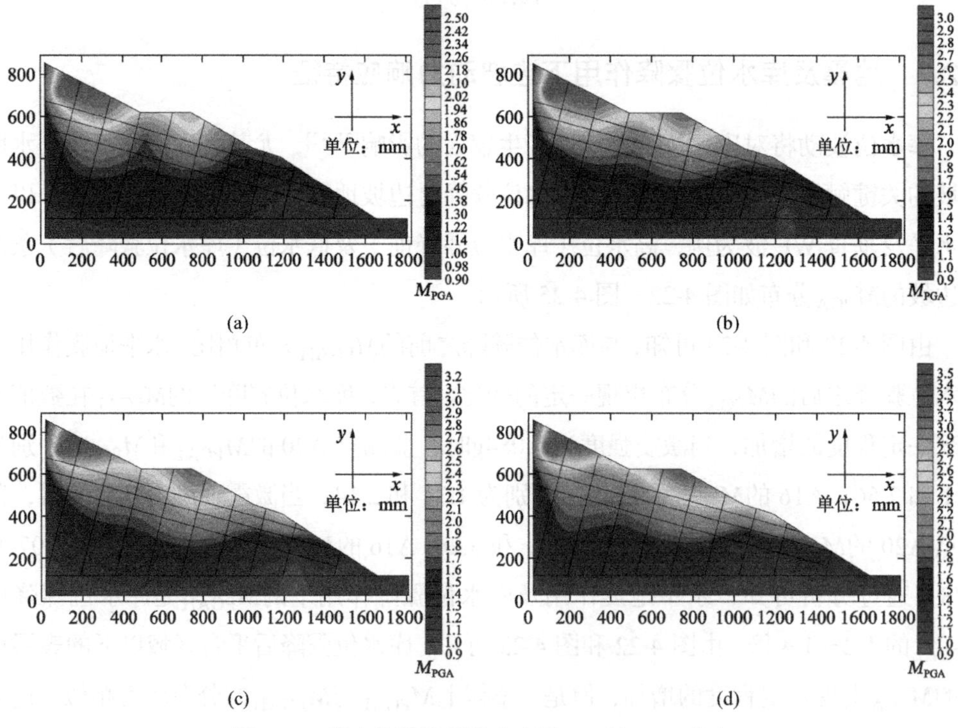

图 4-23　库水位骤降后输入水平 WE 波M_{PGA}分布

（a）0.084g；（b）0.168g；（c）0.336g；（d）0.504g

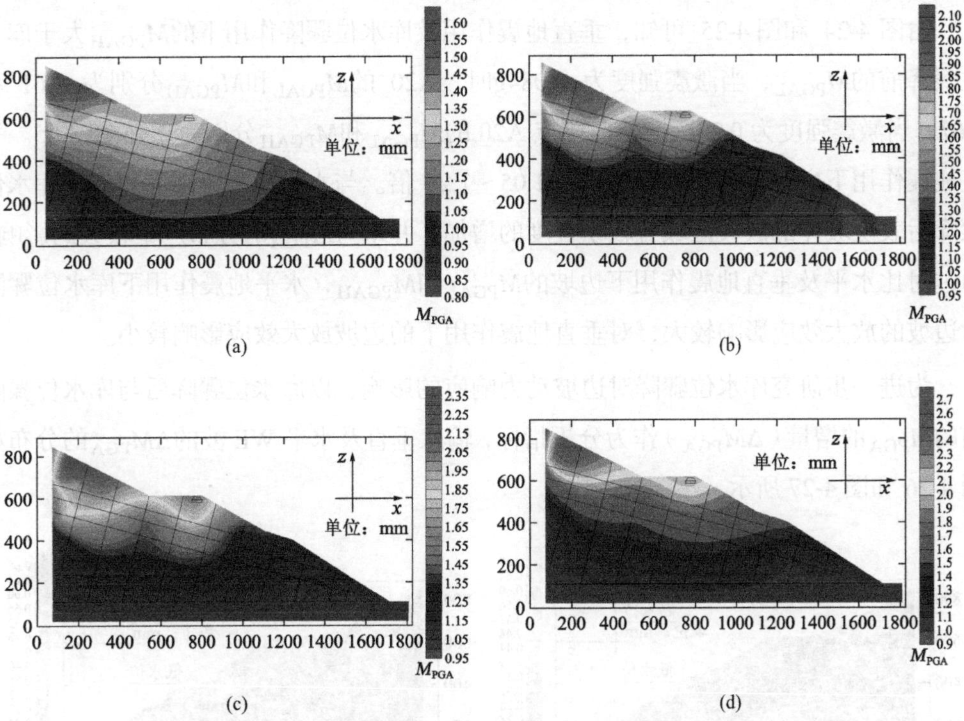

图 4-24　库水位骤降前输入垂直 WE 波M_{PGA}分布

（a）0.084g；（b）0.168g；（c）0.336g；（d）0.504g

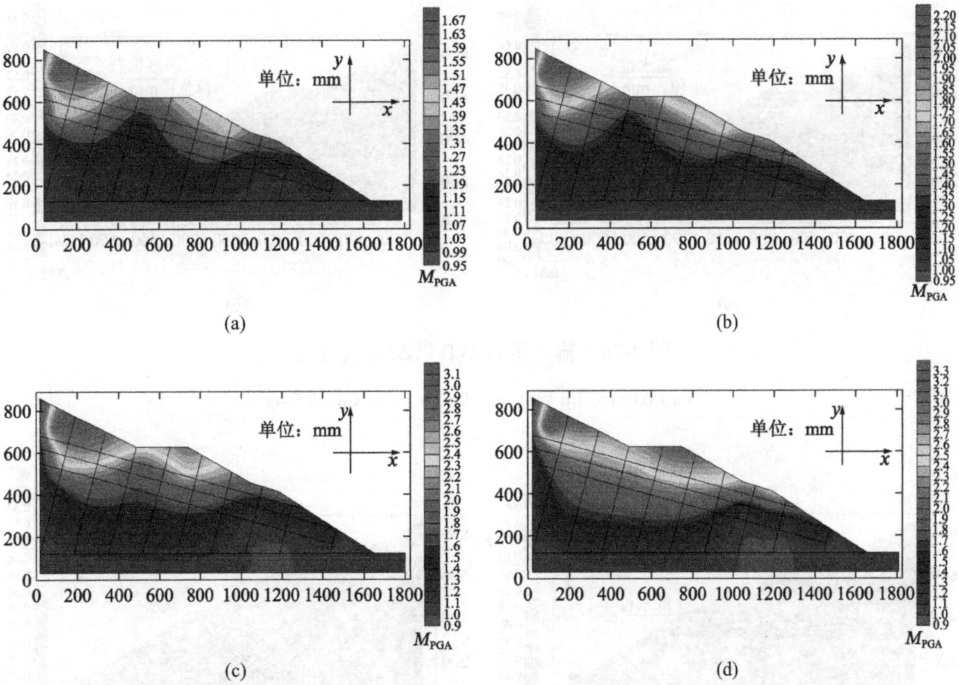

图 4-25　库水位骤降后输入垂直 WE 波M_{PGA}分布

（a）0.084g；（b）0.168g；（c）0.336g；（d）0.504g

由图 4-24 和图 4-25 可知，垂直地震作用及库水位骤降作用下的M_{PGAH}大于库水位骤降前的M_{PGAL}，当激震强度为 0.084g时，A20 的M_{PGAL}和M_{PGAH}分别为 1.61 和 1.67；当激震强度为 0.336g时，监测点 A20 的M_{PGAL}和M_{PGAH}分别为 2.46 和 3.05。垂直地震作用下M_{PGAL}大约为M_{PGAH}的 1.05～1.25 倍。与水平地震作用下相似，库水位骤降后表层坡体的放大区域有较小程度的增加，并未对M_{PGA}的分布产生较大的影响。通过对比水平及垂直地震作用下边坡的M_{PGAL}和M_{PGAH}，水平地震作用下库水位骤降对边坡的放大效应影响较大，对垂直地震作用下的边坡放大效应影响较小。

为进一步研究库水位骤降对边坡动力响应的影响，以库水位骤降后与库水位骤降前的M_{PGA}的增量（ΔM_{PGA}）作为分析指标，输入垂直及水平 WE 波的ΔM_{PGA}的分布如图 4-26 和图 4-27 所示。

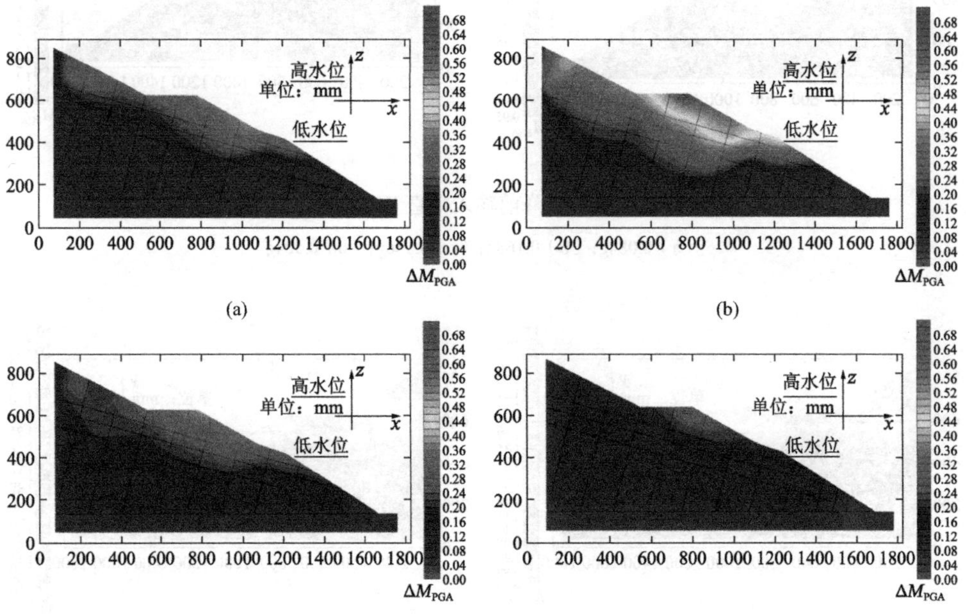

(a) (b) (c) (d)

图 4-26 输入垂直 WE 波ΔM_{PGA}分布

（a）0.084g;（b）0.168g;（c）0.336g;（d）0.504g

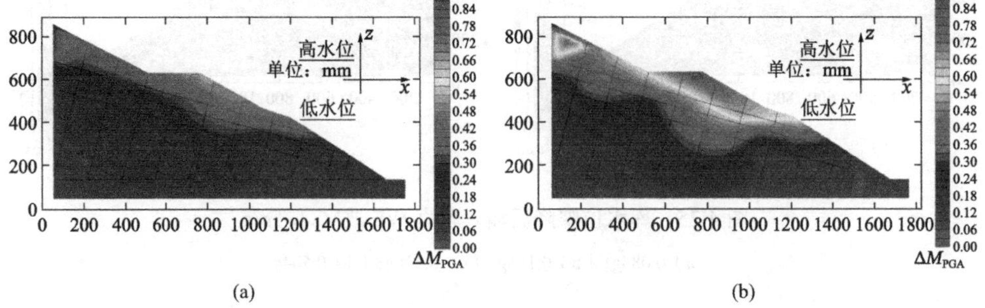

(a) (b)

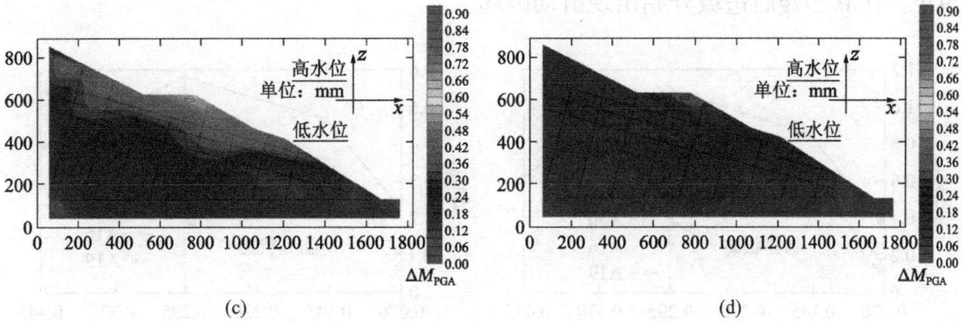

图 4-27　输入水平 WE 波ΔM_{PGA}分布

（a）0.084g；（b）0.168g；（c）0.336g；（d）0.504g

由图 4-26 和图 4-27 可知，边坡的ΔM_{PGA}均大于 0，这说明库水位骤降使边坡的放大效应出现一定程度的增加。表层坡体的ΔM_{PGA}远大于坡内，尤其是高、低水位之间的表层坡体的ΔM_{PGA}较大。这表明在库水位下降的范围内，表层坡体的放大效应受库水位骤降的影响较大。同时，可以发现，水平与垂直地震作用下的ΔM_{PGA}分布基本上相似，说明不同激震方向条件下库水位骤降对边坡的动力响应的影响相似。其中，水平地震作用下的ΔM_{PGA}约为垂直地震作用下ΔM_{PGA}的 1.5～1.6 倍，表明水平地震作用下库水位骤降对边坡的放大效应的影响更大。图 4-26 和图 4-27 表明，高低水位之间的表层坡体的ΔM_{PGA}分布特征随着激震强度增加发生较大的变化。在激震强度为 0.084g和 0.168g时，在表层坡体的ΔM_{PGA}较大，随着地震强度增加ΔM_{PGA}仅在幅值上出现了增加；激震强度为 0.336g时，可以明显看出ΔM_{PGA}的分布出现变化，ΔM_{PGA}幅值出现较大程度的减小；激震强度为 0.504g时，ΔM_{PGA}分布区域及幅值出现大规模减小，集中在平台区域。由此可知，库水位骤降对边坡动力响应的影响与激震强度具有密切关系，库水位骤降的影响随着激震强度的增加表现出先增加再减弱的趋势。

利用表层坡体的ΔM_{PGA}进一步研究库水位骤降及地震作用下边坡的破坏演化过程，以 A10、A16 和 A19 点为例，其ΔM_{PGA}随激震强度的变化规律如图 4-28 所示。

由图 4-28 可知，ΔM_{PGA}随激震强度增加表现为先增加再减小的趋势，具体表现为：0.074g～0.148g，ΔM_{PGA}出现快速增加，这是由于在这个阶段内边坡未发生明显的破坏变形；0.148g～0.297g，ΔM_{PGA}开始表现为慢速增加，这是由于这个阶段内表层坡体开始出现变形破坏，尤其是高低水位间的破坏变形更加明显，直接导致ΔM_{PGA}的增加速率出现下降。但是，在 0.297g～0.446g阶段，ΔM_{PGA}表现为快速下降的趋势，这说明在该阶段边坡表层坡体出现滑动破坏，导致边坡放大效应的增加率出现明显减小。由图 4-28 可以发现，利用ΔM_{PGA}分析边坡的破坏演化过程时，存在一个临界状态即

0.297g，在 0.297g后边坡开始出现滑动破坏。

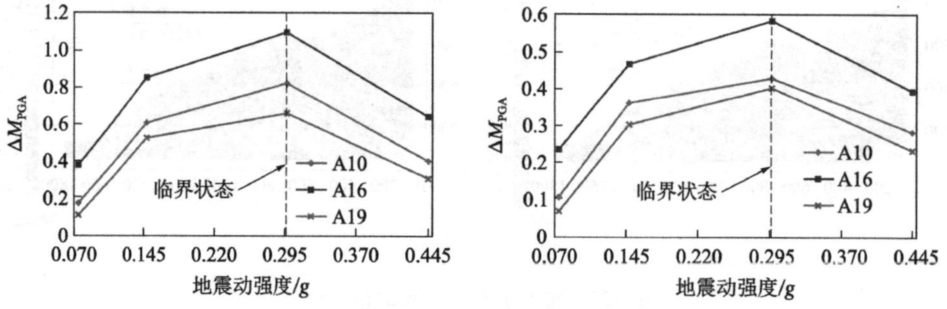

图 4-28　输入 AS 波ΔM_{PGA}变化规律

（a）输入垂直地震波；（b）输入水平地震波

因此，地震及库水位骤降作用下边坡的破坏演化过程可分为 3 个阶段：弹性阶段（0.074g～0.148g）、塑性阶段（0.148g～0.297g）和破坏阶段（> 0.297g），特别是塑性阶段（0.148g～0.297g）是边坡的累积变形破坏阶段，0.297g是边坡出现失稳破坏的临界状态。其中，0.297g时，表层坡体的ΔM_{PGAmax}和ΔM_{PGAmin}约为 1.09 和 0.65。这表明当$\Delta M_{PGA} > 0.65$ 时，边坡出现变形破坏，高低水位之间的表层坡体开始进入塑性阶段。

4.3 基于振动台试验的边坡表面位移响应研究

4.3.1 地震动参数的响应规律

地震波传播方向对岩质边坡的稳定性具有较大的影响。通常情况下，水平地震波对边坡的地震动力响应特征影响较大。但是，结构面的存在使激震方向对边坡的变形具有不同的影响。为分析这一现象，以边坡表面中间纵剖面为例，输入 AS 波地震强度分别为 0.074g、0.148g和 0.297g时坡表PGD矢量方向与水平方向的夹角如图 4-29 所示。

由图 4-29（a）可知，输入 0.074g、0.148g和 0.297g垂直 AS 波时，表面位移与水平向的夹角范围分别为 76°～80°、80.5°～82.5°和 82°～85°。这表明垂直地震作用下，坡表位移与水平向的夹角随激震强度的增加而增加，也即随着垂直地震作用增加，坡体表面的运动变形方向与垂直地震作用方向越接近。由图 4-29（b）可知，输入 0.074g、0.148g和 0.297g水平 AS 波时，坡表位移与水平向的夹角范围分别为 21°～23°、18°～20°和 16°～18°。这表明水平地震作用下，坡表位移与水平向的夹角随激震强度的增加而减小，也即随着水平地震作用增加，坡表的变形方向与水平地震作用方向越接近。由此可知，激震强度对坡表位移运动方向有一定程度的影响，随着激震强度增加，激震方向对坡体的运动变形方向的主导作用越强烈。

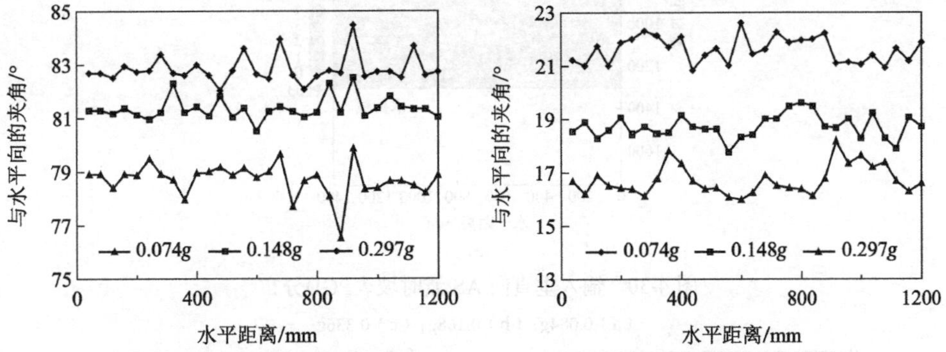

(a) (b)

图 4-29 输入 AS 波坡表PGD与水平向的夹角

（a）垂直地震作用；（b）水平地震作用

地震波方向与边坡动力响应规律具有密切关系，由上述分析可知，垂直及水平地震作用下边坡分别主要发生沉降变形及水平向的滑动变形。通过分析垂直向PGD_z及水平向的PGD_x，探讨激震方向对边坡动力响应的影响。以输入 AS 波为例，垂直及水平地震作用下边坡的PGD分布如图 4-30 和图 4-31 所示。

由图 4-30 和图 4-31 可知，PGD_x明显大于PGD_z，PGD_{xmax}约为PGD_{zmax}的 1.5～1.7 倍，水平地震作用下水平向的滑动变形比垂直地震作用下沉降变形更加明显。与其他类型边坡相比，该边坡在垂直地震作用下的沉降变形较大，对边坡的滑动变形的贡献度也较大。垂直地震作用下的沉降变形使表层坡体沿反倾结构面出现裂缝，对边坡的局部变形具有重要影响。因此，垂直地震作用也是影响边坡滑动变形的重要因素之一。

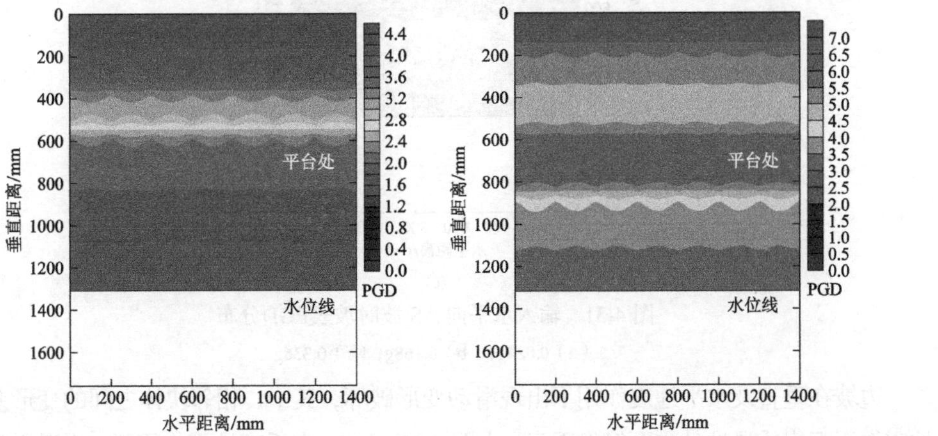

(a) (b)

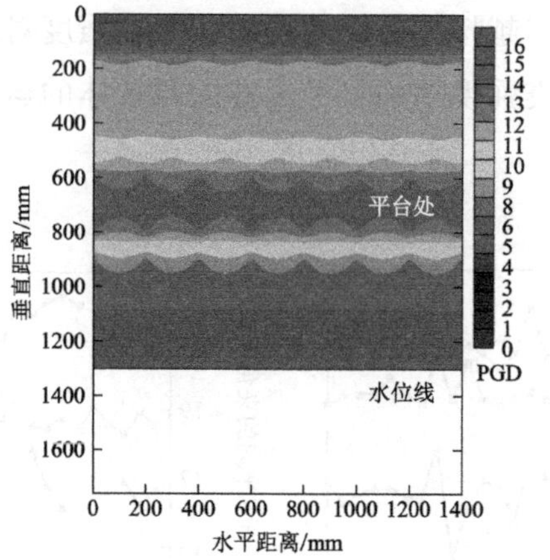

(c)

图 4-30　输入垂直向 AS 波时坡表PGD分布

（a）0.084g；（b）0.168g；（c）0.336g

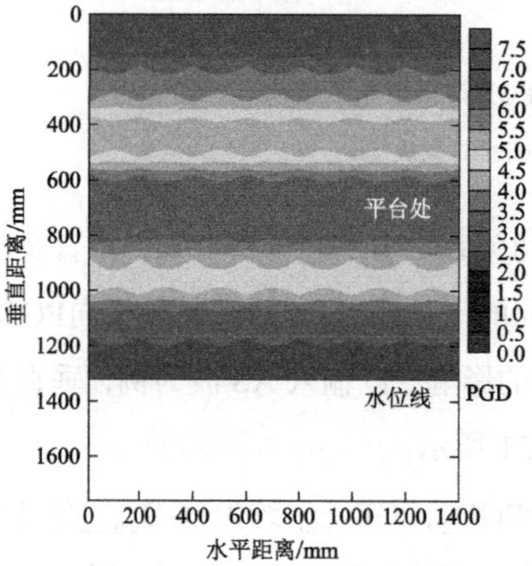

(a)

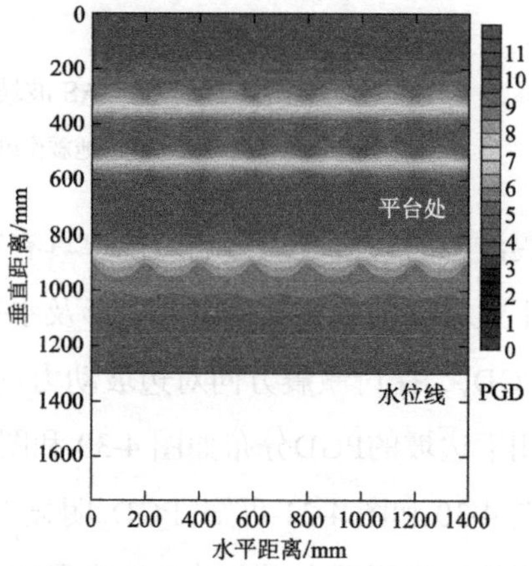

(b)

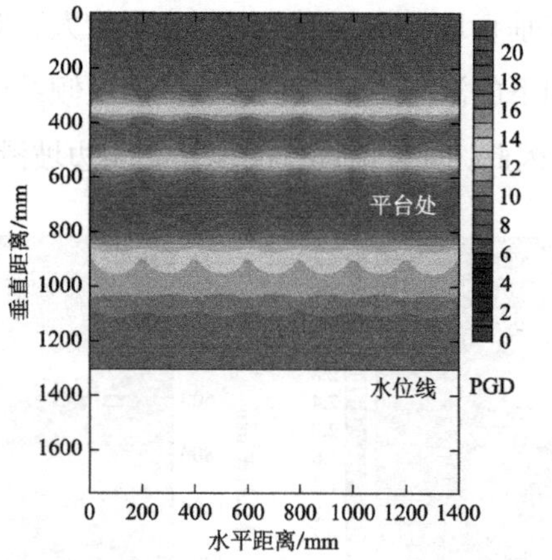

(c)

图 4-31　输入水平向 AS 波时坡表PGD分布

（a）0.084g；（b）0.168g；（c）0.336g

边坡在垂直及水平地震作用下出现滑动变形破坏，其中，相邻块体之间的变形差异是地震作用下岩质滑坡的主要触发因素。由图 4-30 可知，在垂直地震作用下，当激震强度小于 0.168g时，表层坡体的沉降变形差较小，边坡较为稳定。在该变形阶段表层坡体内块体之间出现沉降差异，将导致坡体表面产生少量的纵向拉裂缝。当激震强度为 0.336g时，PGD_{max}和PGD_{min}的差值出现快速增大，这表明表层坡体内块体之间沉降差异较大，坡表出现许多贯通裂缝，表层坡体开始出现破坏。由此可知，随着激震强度的增大，PGD_{max}和PGD_{min}之间的沉降差增大，表层坡体的变形也随之增大。图 4-31 表明，在水平地震作用下，PGD_{max}和PGD_{min}的变化规律与垂直地震作用相似，这说明边坡块体之间出现的不均匀的变形将导致表层坡体块体之间产生拉伸裂缝。通过对比分析，表层坡体的相邻块体之间的变形差异直接导致地震作用下滑坡的发生。综上所述，边坡的滑动变形是由 P 波和 S 波引起的，作用机理如下：首先，P 波对边坡进行垂直振动，在边坡表面诱发大量的沿反倾结构面的纵向裂缝，引起较大的沉降变形，削弱边坡的稳定性；其次，由于 S 波的强烈水平振动，将进一步引发边坡出现较大的水平剪切变形，导致表层坡体的滑动变形。

激震强度对边坡的动力响应特征具有较大的影响，以输入 WE 波为例，不同激震强度作用下的PGD分布如图 4-32 和图 4-33 所示。

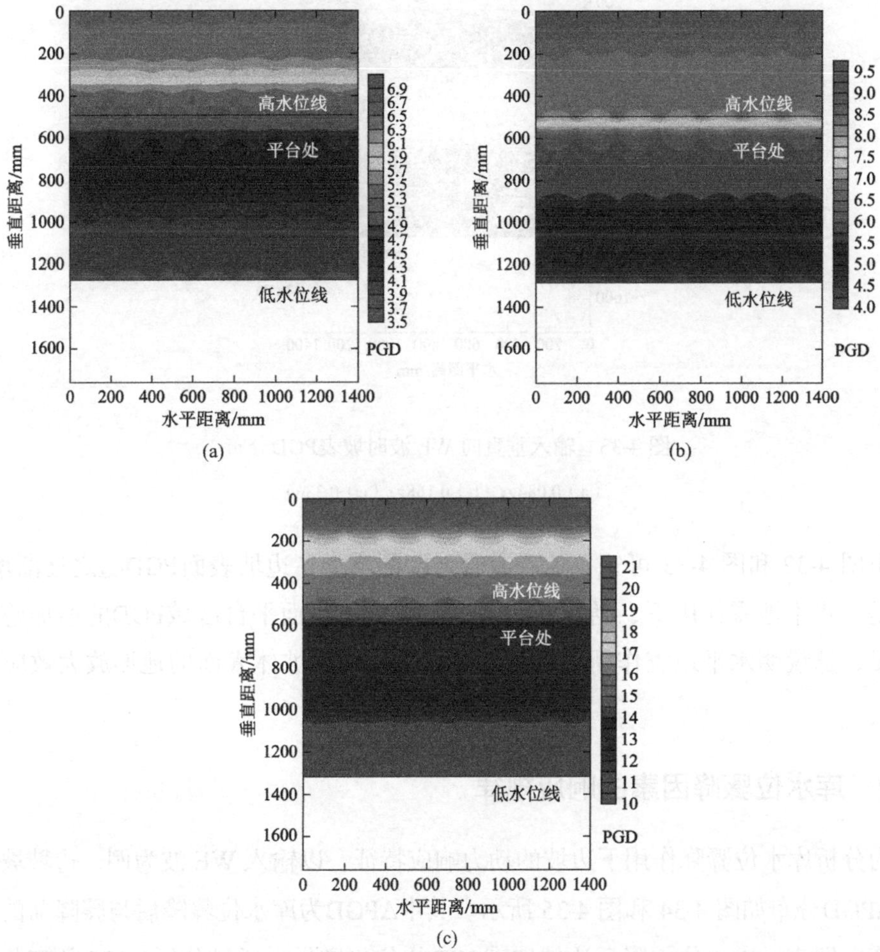

图 4-32　输入水平向 WE 波时坡表PGD分布

（a）0.084g；（b）0.168g；（c）0.336g

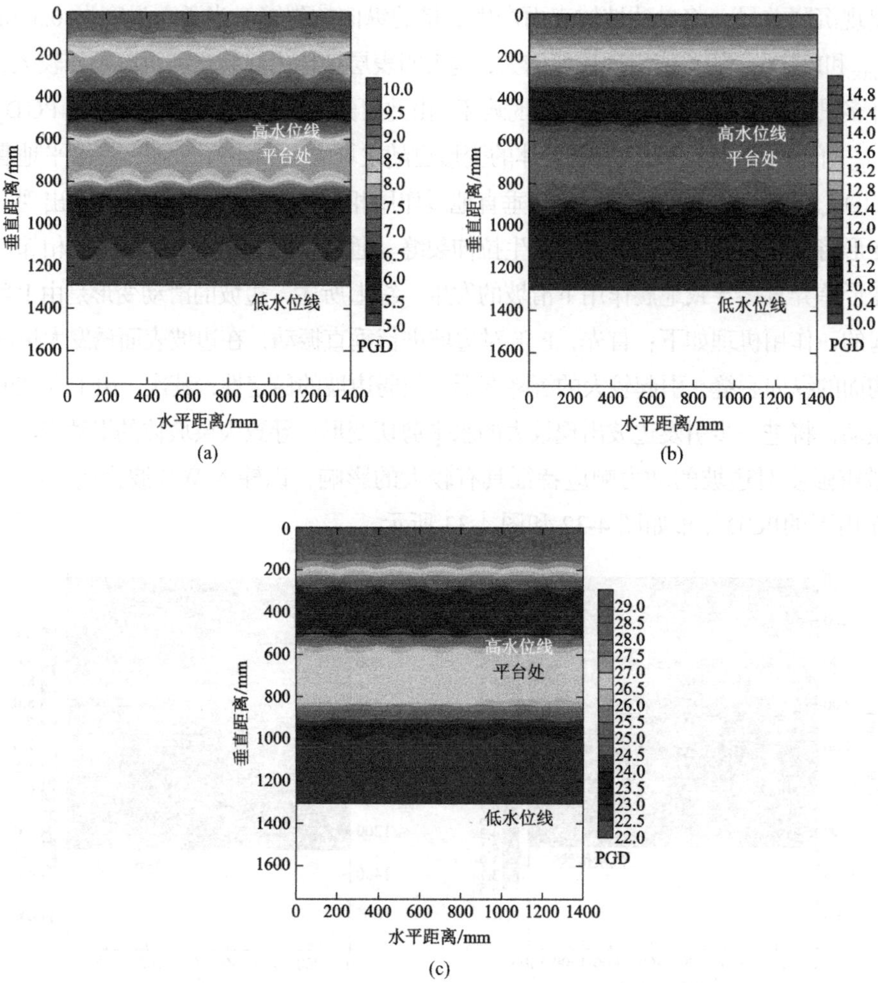

图 4-33 输入垂直向 WE 波时坡表PGD分布

（a）0.084g；（b）0.168g；（c）0.336g

由图 4-32 和图 4-33 可知，随着激震强度的增加，边坡表面PGD随之逐渐增加，尤其是，水平地震作用下，随着激震强度增加坡体表面平台区域PGD的增加趋势较为明显，这说明水平地震作用下，随着激震强度增加坡体表面的地形放大效应更加明显。

4.3.2 库水位骤降因素的响应规律

为分析库水位骤降作用下边坡的动力响应特征，以输入 WE 波为例，边坡坡体表面的ΔPGD分布如图 4-34 和图 4-35 所示。其中ΔPGD为库水位骤降后与骤降前的PGD的差值，即表示库水位骤降后边坡坡表PGD的位移增量。通过分析ΔPGD的变化规律研究库水位骤降作用下边坡动力响应规律。

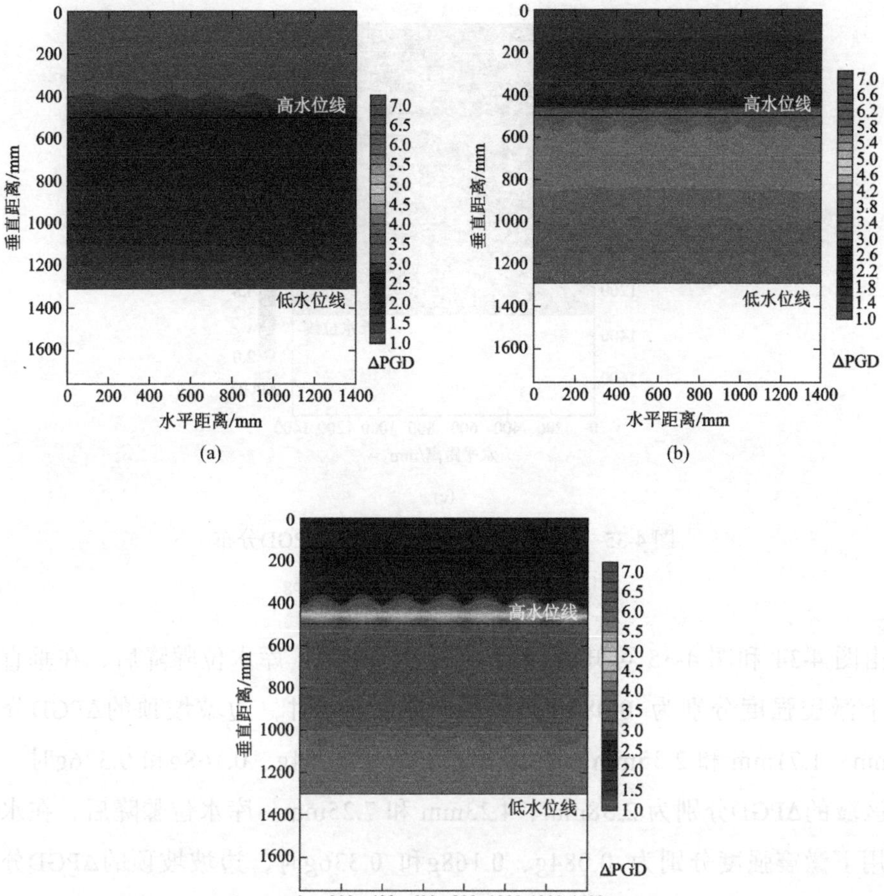

图 4-34　输入水平向 WE 波时坡表ΔPGD分布

（a）0.084g；（b）0.168g；（c）0.336g

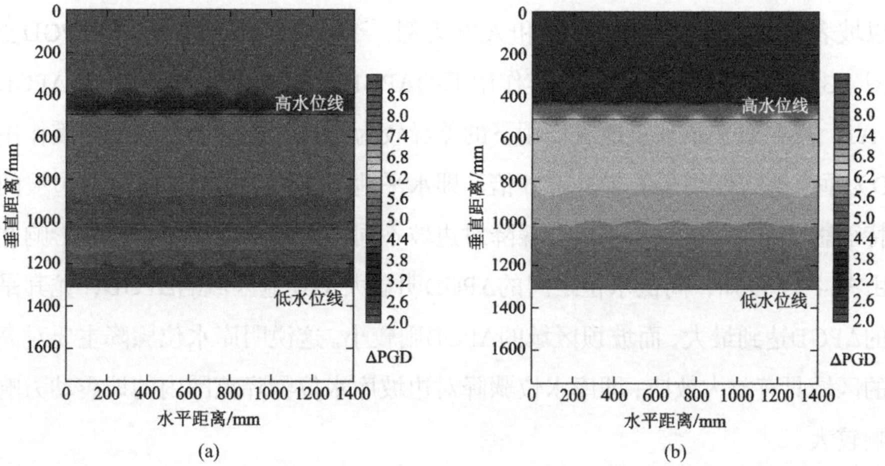

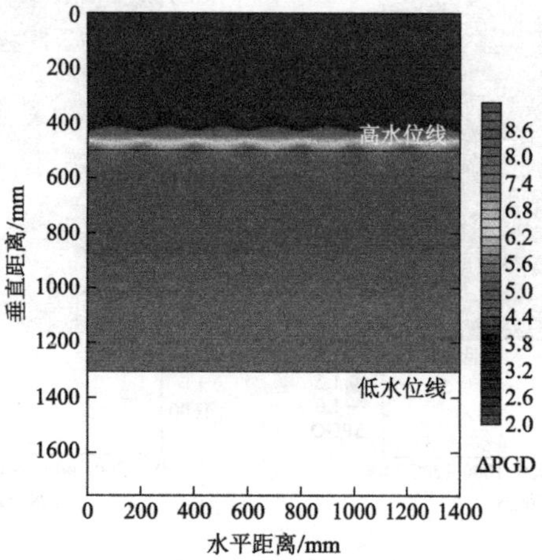

(c)

图 4-35　输入垂直向 WE 波时坡表ΔPGD分布

（a）0.084g；（b）0.168g；（c）0.336g

由图 4-34 和图 4-35 可知，输入 WE 波作用下，库水位骤降后，在垂直地震作用下激震强度分别为 0.084g、0.168g和 0.336g时，边坡坡顶的ΔPGD分别为 1.25mm、1.71mm 和 2.35mm；激震强度分别为 0.084g、0.168g和 0.336g时，边坡平台区域的ΔPGD分别为 2.38mm、4.23mm 和 7.25mm。库水位骤降后，在水平地震作用下激震强度分别为 0.084g、0.168g和 0.336g时，边坡坡顶的ΔPGD分别为 2.17mm、3.11mm 和 3.73mm；库水位骤降后，边坡平台区域的ΔPGD分别为 4.8mm、6.2mm 和 9.14mm。由此可知，库水位骤降后坡表的PGD出现一定程度的增加。此外，由图 4-34 和图 4-35 可知，垂直地震作用下坡表的PGD增量较小，而水平地震作用下坡表的PGD增量较大。这一现象说明水平地震作用下库水位骤降对边坡的动力响应影响较大。

以坡表典型监测点 A16、A19 和 A20 为例，不同方向地震作用下的ΔPGD变化规律如图 4-36 所示。可知，水平地震作用下的ΔPGD大于垂直地震作用下的ΔPGD，尤其是 A16 点在水平及垂直地震作用下的差异较为明显。整体上，水平地震作用下的ΔPGD为垂直地震作用下的 1.3～1.6 倍，即水平地震作用下库水位骤降对边坡的动力响应特征影响更大。此外，库水位骤降对边坡不同区域的动力响应特征的影响并不相同。由图 4-34 可知，高低水位之间的ΔPGD明显大于其他区域的ΔPGD，尤其是平台区域的ΔPGD达到最大，而坡顶区域的ΔPGD则较小。这说明库水位骤降主要对高低水位间的区域具有放大效应，即库水位骤降对边坡库水位骤降范围内的地震动力响应特征影响较大。

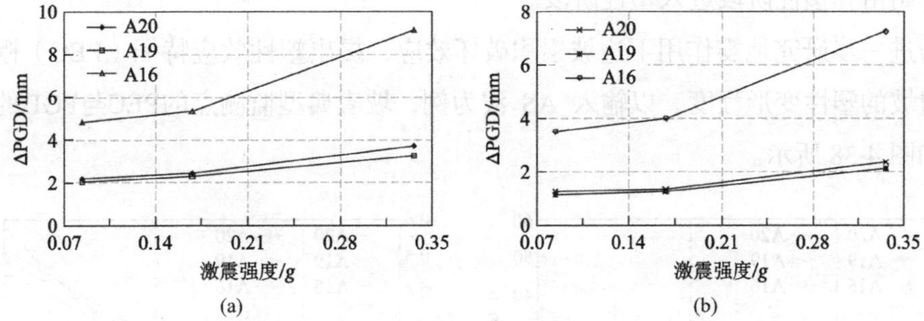

图 4-36　输入 WE 波坡体表面监测点ΔPGD变化规律

（a）水平地震作用；（b）垂直地震作用

4.3.3　考虑塑性效应特征的边坡地震累积破坏效应分析

地震累积破坏效应即地震作用下岩质边坡动态响应过程中的破坏效应[35]。对于含软弱结构面岩质边坡而言，边坡的动力破坏变形往往沿软弱结构面产生。结构面的变形并非像岩体脆性破坏一样，而是一个需要充分考虑结构面材料的塑性变形特征的累积破坏过程。为考虑塑性变形特征，对边坡进行地震累积破坏效应分析，以输入 AS 波为例，针对坡体表面三个典型监测点（A16、A19、A20）的位移响应进行分析，其M_{PGA}与RD的关系如图 4-37 所示。

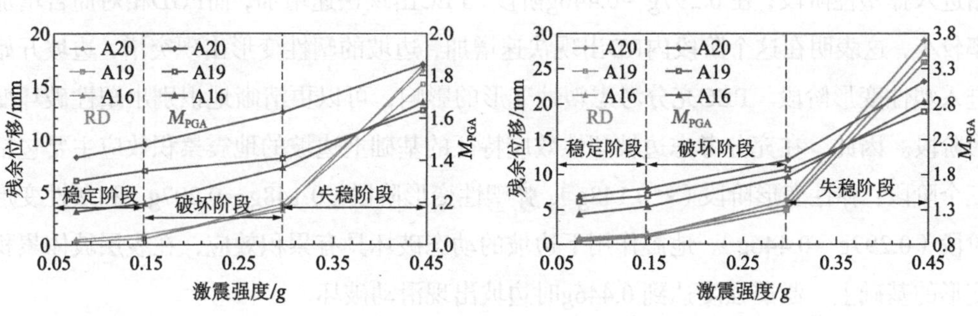

图 4-37　输入 AS 波残余位移与M_{PGA}的变化

（a）垂直地震作用；（b）水平地震作用

由图 4-37 可知，激震强度从 0.074g增加到 0.297g过程中，整体上可以看出M_{PGA}随激震强度的增加表现为线性增加。但是，激震强度从 0.297g增加到 0.446g过程中，M_{PGA}出现快速增加的现象，这说明边坡稳定性出现较大的变化，开始由弹性变形阶段进入塑性变形阶段。激震强度从 0.074g增加到 0.148g过程中，与M_{PGA}分析结果相比，RD变化较小，这说明边坡处于弹性阶段；激震强度从 0.148g增加到 0.297g过程中，RD出现一定程度的增加，这表明边坡开始出现破坏，进入弹塑性阶段；激震强度从 0.297g增加到 0.446g过程中，与M_{PGA}相比，RD出现突增现象，这说明边坡开始出现滑动破坏，开始由弹塑性阶段进入塑性阶段。

为进一步研究地震作用下边坡累积破坏效应，提出塑性效应特征（PEC）概念以表征边坡的塑性变形程度。以输入 AS 波为例，坡表典型监测点的PEC与PGD的变化规律如图 4-38 所示。

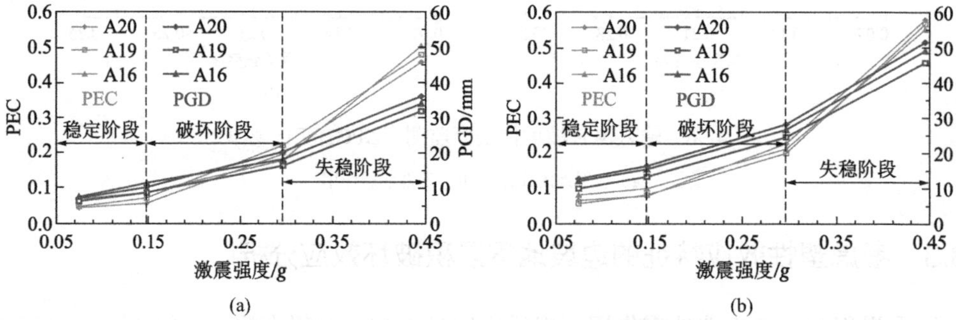

图 4-38　输入 AS 波PEC与PGD的变化

（a）垂直地震作用；（b）水平地震作用

由图 4-38 可以看出，在 0.074g～0.148g阶段，PEC和PGD表现为缓慢增加的趋势，边坡处于弹性变形阶段；在 0.148g～0.297g阶段，PEC出现一定程度的增加，其增加率略大于PGD的增加率，说明在这个阶段内RD较大，边坡的塑性变形程度增加，边坡开始进入弹塑性阶段；在 0.297g～0.446g阶段，PEC出现快速增加，而PGD相对而言增加率较小，这表明在这个阶段内RD出现快速增加，边坡的塑性变形出现突增，边坡开始进入塑性变形阶段。PEC充分考虑塑性变形的影响，可以更清晰地识别出塑性破坏变形阶段。因此，在充分考虑边坡塑性效应特征的基础上边坡的地震累积效应主要包括三个阶段：弹性变形阶段（＜0.148g）、弹塑性变形阶段（0.148g～0.297g）和塑性变形阶段（0.297g～0.446g）。地震作用下边坡的动态破坏具有累积效应，在表层坡体累积变形的基础上，激震强度达到 0.446g时边坡出现滑动破坏。

4.4 小结

本章基于时间域、频率域及时频域，利用有限元方法和振动台试验，研究了地震及库水作用下含软弱结构面岩质边坡的动力响应规律。主要取得以下研究结论：

（1）结构面对地震波在坡内的传播特征及动力响应放大效应具有影响。相同地形地貌条件下含不连续结构面岩质边坡的动力放大效应最大，其次为顺层边坡，再次为反倾边坡，最后为均质边坡。结构面对边坡的固有频率影响较小。低频固有频率段（＜20Hz）主要诱发表层坡体产生整体的剪切变形，高频固有频率段（⩾20Hz）主要导致表层坡体产生局部变形。

（2）边坡的动力响应具有典型的高程、坡表微地貌及趋表放大效应，结构面对边坡的动力响应具有明显的放大效应。库水位骤降对表层坡体的动力响应具有一定的放大效应，尤其是水平激震方向作用下库水位骤降的影响较大。库水位骤降对高低水位之间的表层坡体具有明显的动力放大效应，放大效应随激震强度增加呈先增加再减弱的趋势。地震及库水位骤降作用下边坡的破坏演化过程分为弹性阶段（0.074g～0.148g）、塑性阶段（0.148g～0.297g）和破坏阶段（＞0.297g），塑性阶段为边坡的累积变形阶段，0.297g为边坡失稳破坏的临界状态。

（3）激震强度及方向对表层边坡的变形响应影响较大。PGD随高程及激震强度增加而增加，在微地貌变化较大处出现突增现象，水平激震方向时的PGD约为垂直方向的 1.5～1.7 倍。垂直地震作用诱发块体间的不均匀沉降变形对滑坡具有重要的影响。库水位骤降主要对高低水位间的表层坡体具有动力放大效应，尤其是水平地震作用下库水位骤降的影响更大。RD和PEC充分考虑了塑性变形特征对边坡累积破坏变形的影响，较好地反映了边坡的地震累积破坏效应。边坡地震累积效应可分为弹性变形阶段（＜0.148g）、弹塑性变形阶段（0.148g～0.297g）和塑性变形阶段（0.297g～0.446g）。

参考文献

[1] 黄润秋，李渝生，严明. 斜坡倾倒变形的工程地质分析[J]. 工程地质学报，2017, 25(5): 1165-1181.

[2] 刘威. 地震作用下双面坡破坏模式及动力响应试验研究[D]. 成都: 西南交通大学, 2017.

[3] 魏学利. 邛海流域地震诱发滑坡的长期活动性及其灾害效应分析[D]. 成都: 西南交通大学, 2014.

[4] 徐锡蒙, 郑粉莉, 关颖慧, 等. 2013 年我国地震灾害时空特征与灾害损失分析[J]. 水土保持研究, 2015, 22(4): 321-325.

[5] 张铎, 吴中海, 李家存, 等. 国内外地震滑坡研究综述[J]. 地质力学学报, 2013, 19(3): 225-241.

[6] 马宁.玉树机场公路堆积层滑坡支挡结构的地震响应试验研究[D]. 成都: 西南交通大学, 2015.

[7] Cui P, Zhu Y Y, Han Y S, et al. The 12 May Wenchuan earthquake-induced landslide lakes: distribution and preliminary risk evaluation[J]. Landslides, 2009, 6(3): 209-223.

[8] 许冲, 戴福初, 徐锡伟. 汶川地震滑坡灾害研究综述[J]. 地质论评, 2010, 56(6): 860-874.

[9] Huang R Q, Li W L. Development and distribution of geohazards triggered by the 5.12 Wenchuan Earthquake in China[J]. Science in China Series E: Technological Sciences, 2009, 52(4): 810-819.

[10] Huang R Q, Li W L. Analysis of the geo-hazards triggered by the 12 May 2008 Wenchuan Earthquake, China[J]. Bulletin of Engineering Geology and the Environment, 2009, 68(3): 363-371.

[11] Dai F C, Xu C, Yao X, et al. Spatial distribution of landslides triggered by the 2008 Ms 8.0 Wenchuan earthquake, China[J]. Journal of Asian Earth Sciences, 2011, 40(4): 883-895.

[12] Yin Y, Wang F, Ping S. Landslide hazards triggered by the 2008 Wenchuan earthquake, Sichuan, China[J]. Landslides, 2009, 6(2): 139-152.

[13] 张建毅, 薄景山, 王振宇, 等. 汶川地震局部地形对地震动的影响[J]. 自然灾害学报, 2012(3): 164-169.

[14] 黄秋香, 徐湘涛, 徐超, 等. 汶川地震中锚固岩质边坡的动力响应特征[J]. 岩土力学, 2016, 37(6):1729-1736.

[15] 周德培, 张建经, 汤涌. 岩质边坡爆破振动速度的高程放大效应研究[J]. 岩石力学与工程学报, 2011, 30(11): 2189-2195.

[16] 李明, 郑静. 汶川地震灾区边坡病害发育特征分析[J]. 铁道工程学报, 2013, 30(5): 12-16.

[17] Babanouri N, Mansouri H, Nasab S K, et al. A coupled method to study blast wave propagation in fractured rock masses and estimate unknown properties[J]. Computers & Geotechnics, 2013, 49(4): 134-142.

[18] Dan H, Wang J, Su L. A comprehensive study on the smooth joint model in DEM simulation of jointed rock masses[J]. Granular Matter, 2015, 17(6): 775-791.

[19] 姜彤, 刘远征, 马瑾. 节理岩质边坡地震时程响应分析[J]. 岩石力学与工程学报, 2013, 32(S2): 3938-3944.

[20] Xu B, Yan C. An experimental study of the mechanical behavior of a weak intercalated layer[J]. Rock Mechanics and Rock Engineering, 2014, 47(2): 791-798.

[21] Kim D H, Gratchev I, Balasubramaniam A. Back analysis of a natural jointed rock slope based on the photogrammetry method[J]. Landslides, 2015, 12(1): 147-154.

[22] Zhou J W, Jiao M Y, Xing H G, et al. A reliability analysis method for rock slope controlled by weak structural surface[J]. Geosciences Journal, 2017, 21(3): 1-15.

[23] Berilgen M M. Investigation of stability of slopes under drawdown conditions[J]. Computers & Geotechnics, 2007, 34(2): 81-91.

[24] Xia M, Ren G M, Ma X L. Deformation and mechanism of landslide influenced by the effects of reservoir water and rainfall, Three Gorges, China[J]. Natural Hazards, 2013, 68(2): 467-482.

[25] 仉文岗, 王尉, 高学成. 库区水位下降对库岸边坡稳定性的影响[J]. 武汉大学学报(工学版), 2019, 52(1): 21-26.

[26] 宋丹青, 宋宏权. 库水位升降作用下库岸滑坡稳定性研究[J]. 东北大学学报(自然科学版), 2017, 38(5): 735-739.

[27] 宋丹青. 水库蓄水对库岸边坡稳定性的影响[D]. 兰州: 兰州大学, 2015.

[28] Committee on Reservoir Stability. Reservoir landslides: Investigation and management[R]. Pairs: International Commission on Large Dams(ICOLD), 2002.

[29] 彭良泉, 王钊. 对边坡稳定性分析中危险水力学条件的研究[J]. 人民长江, 2003, 34(5): 39-41.

[30] Liu H, Xu Q, Li Y, et al. Response of high-strength rock slope to seismic waves in a shaking table test[J]. Bulletin of the Seismological Society of America, 2013, 103(6): 3012-3025.

[31] Harp E L, Keefer D K, Sato H P, et al. Landslide inventories: The essential part of seismic landslide hazard analyses[J]. Engineering Geology, 2011, 122(1): 9-21.

[32] Yan Z L, Wang J J, Chai H J. Influence of water level fluctuation on phreatic line in silty soil model slope[J]. Engineering Geology, 2010, 113(1): 90-98.

[33] 王思敬, 马凤山, 杜永廉. 水库地区的水岩作用及其地质环境影响[J]. 工程地质学报, 1996(3): 1-9.

[34] 黄正加, 邬爱清, 盛谦. 块体理论在三峡工程中的应用[J]. 岩石力学与工程学报, 2001, 20(5): 648-648.

[35] 阳生权, 吕中玉, 刘宝琛. 隧道围岩爆破地震累积效应研究[J]. 地下空间与工程学报, 2007, 3(S2): 1451-1454.

第 5 章

频繁地震作用下交叉节理岩质边坡的动力响应特性与失稳机制

地震作用下
复杂岩质边坡动力响应
特征及致灾机理

中国地处环太平洋地震带和欧亚地震带之间，因此地震频发且灾害严重[1]。仅2008年汶川地震就造成了数以万计的房屋倒塌和山体滑坡，其规模之大、破坏之严重在全球范围内均属罕见[2]。在地震诱发的灾害中，超过 60%都是源于岩质边坡失稳破坏，其特征与正常重力环境下的边坡灾害存在明显差异[3]。因此，岩质边坡的抗震稳定性已成为制约工程长期安全运行及周边居民生命财产安全的关键技术问题。

中国西部工程建设区域的地形地质条件极为复杂[4]。频繁的强震进一步加剧了高陡岩质边坡完整性的恶化[5]。因此，在复杂地质条件下，岩质边坡的抗震稳定性问题尤为突出[6]。节理边坡是中国西部地区典型的地质体，通常位于地质构造运动较为剧烈的区域。在动力荷载作用下，岩体中的节理是工程中的薄弱环节。由于其弹性模量小、强度低，往往对工程产生不利影响。总体而言，节理对岩质边坡的动力响应特性和变形破坏模式具有重要影响[7]。在长期的地质作用下，岩质边坡内产生大量不连续节理。由于岩体的不连续性，节理与地震波之间的相互作用机制变得极为复杂，这增加了全面了解岩质边坡的动力响应特性和破坏模式的难度[8]。岩质边坡的动力响应本质上是地震波在岩体中传播所引起的扰动效应[9]。当地震波通过节理面从一种介质传播到另一种介质时，会发生明显的折射和反射现象。这一现象导致岩体中地震波的传播特性发生显著变化，引发地震波的分解效应，最终影响边坡的动力稳定性。因此，高陡岩质边坡的动力响应及其破坏机制已成为极为重要的研究课题之一。

当前，对于累积地震作用下节理边坡动力损伤的演化规律和发展过程研究尚不充分，且交叉机制对高陡岩质边坡地震响应及失稳模式的影响也未得到系统探讨。因此，本章以西部地区某典型高陡岩质边坡为例，利用 PFC2D 软件构建了均质边坡（模型1）和交叉节理边坡（模型 2）两个离散元模型。通过向这两个模型连续加载不同振幅的地震动，研究交叉节理边坡在连续地震作用下的动力响应特性和失稳模式。

5.1 交叉节理岩质边坡的数值模型构建

5.1.1 基本准则

岩体是由结构面和岩块组成的复杂地质体。其中，节理面作为岩体中力学性能较差的软弱面，易受到破坏。随着合成岩体技术的发展，在 PFC 软件中模拟岩体及其力学性能已成为可能。在 DEM 模拟中，选择合理的微观接触模型可以使模拟结果更准确地反映岩石材料的力学性能。

本节采用一种考虑胶结尺寸的微观接触模型[10-11]。现有模拟结果表明，该模型能够很好地模拟岩石的宏观力学性能[12]。该微观接触模型的力学响应分为法向、切向和转动三部分，如图 5-1 所示。

在图 5-1 中，u_b表示胶结厚度，k_n、k_s和k_r分别代表接触法向刚度、切向刚度和转动刚度，k_{bn}表示颗粒的法向刚度。在颗粒胶结破坏之前，法向、切向和转动载荷均由胶结承担。颗粒胶结破坏后，若法向力为拉力，颗粒抗压强度为零；若法向力为压力，荷载将由颗粒承担。切向抗剪强度为胶结的残余强度，而转动阻力则是胶结的残余抗弯强度。

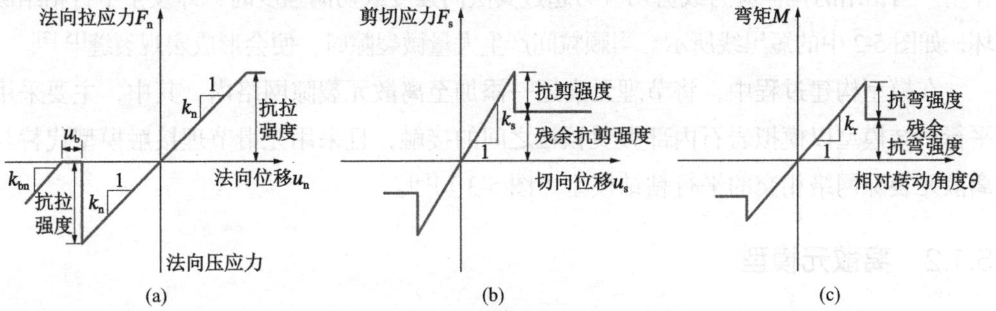

图 5-1　微观接触模型的力学响应

（a）法线方向；（b）切线方向；（c）转动方向

在 PFC2D 中，合成岩体主要由颗粒间的平行粘结模型和离散元裂隙网络组成[13]，如图 5-2 和图 5-3 所示。

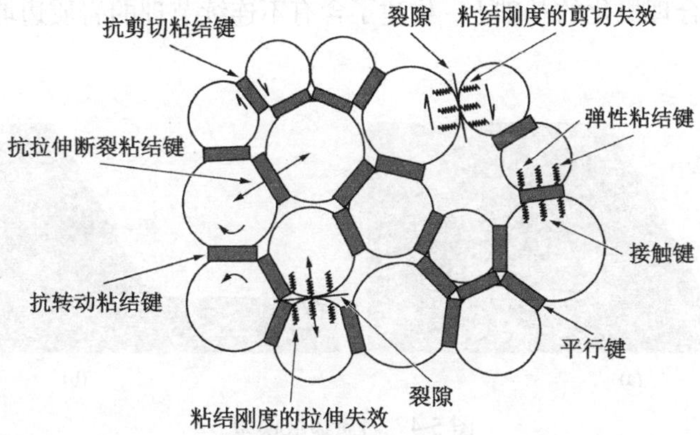

图 5-2　平行粘结模型[14]

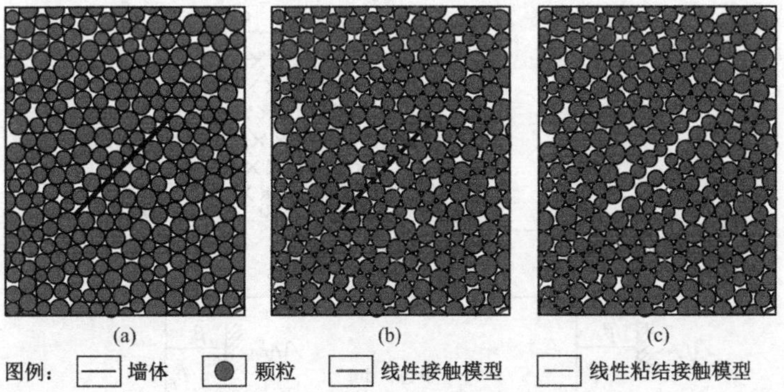

图 5-3　离散元裂隙网络[14]

（a）生成边界墙；（b）添加接触模型；（c）移除边界墙

在 PFC 中，平行粘结模型是一种适用于模拟岩石内部结构的微颗粒接触模型（图 5-2）[14]。在该模型中，除了由粘结弹簧提供的刚度外，接触弹簧也贡献了一定的刚度。一旦颗粒间的粘结发生拉伸破坏或剪切破坏，粘结刚度将立即失效，接触刚度仍继续发挥作用。当粘结的拉伸应力或剪切应力超过其法向强度或切向强度时，即发生平行粘结破坏，如图 5-2 中的短黑线所示。当颗粒间产生大量微裂隙时，便会形成宏观裂缝[15-17]。

在模型构建过程中，将节理元素逐一添加至离散元裂隙网络内。其中，主要采用平行粘结模型以模拟岩石内部微观颗粒之间的接触，且采用光滑节理接触模型代替与离散元裂隙网络相交的平行粘结模型（图 5-3）[14]。

5.1.2 离散元模型

边界条件与地质结构的设置、宏观与细观力学参数的确定、地震波的加载模式以及节理边坡的建模，均对本节研究的结果与结论产生重要影响[18-19]。

为了分析地震作用下边坡的动力响应，需要在模型底部输入地震加速度时程曲线[20]。同时为了消除地震波在模型边界上的反射现象，采用黏性边界，并在模型两侧的法向方向、切向方向及模型底部边界设置阻尼器。考虑到实际边坡地质结构的复杂性，本节研究在合理概化的基础上，构建了含有不连续节理的岩质边坡模型，如图 5-4 和图 5-5 所示。

(a)

(b)

图 5-4 岩质边坡模型

（a）模型 1（均质边坡）；（b）模型 2（交叉节理模型）

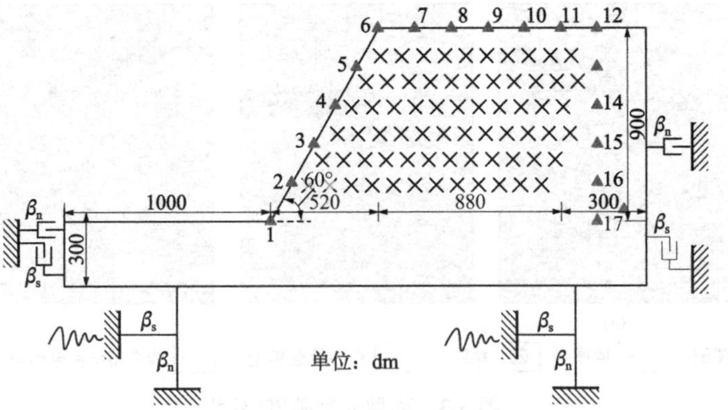

图 5-5 交叉节理边坡数值模型示意图

通过单轴（双轴）压缩等模拟试验调整边坡模型参数，并通过与室内试验中获得的抗拉强度、抗压强度等常见岩石宏观力学参数匹配，对微观参数进行校准[11,21]。图 5-6 展示了两类岩体离散元数值试验结果与室内岩石力学试验结果的对比。

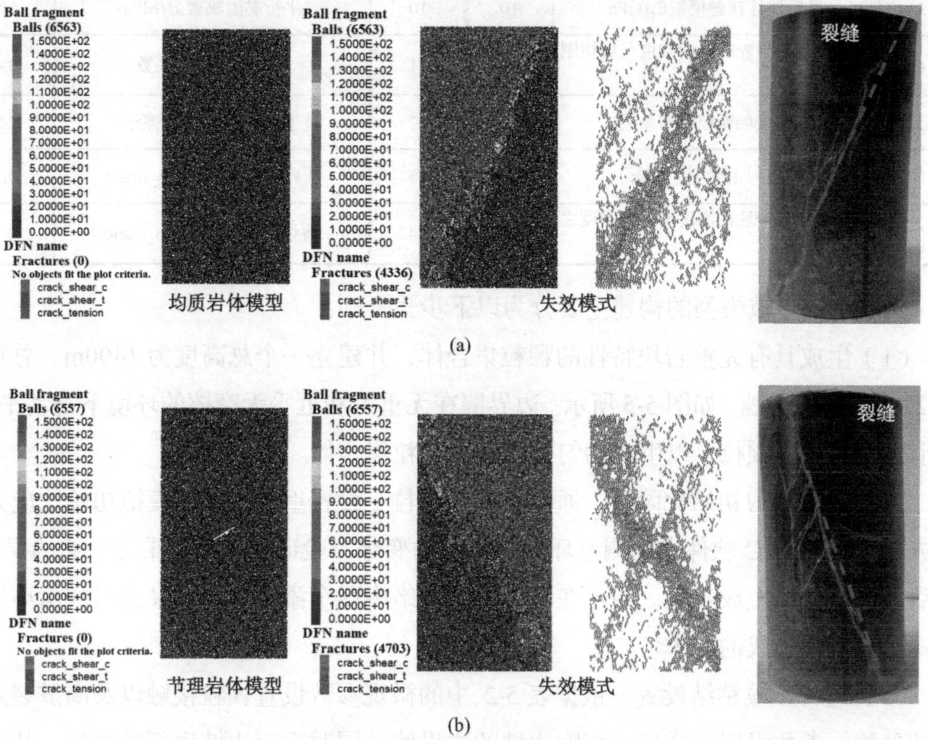

图 5-6　数值结果与实验室试验破坏模式的比较

（a）均质岩体；（b）节理岩体

由图 5-6 可知，对于节理岩体，离散元数值试验结果与实验室试验结果基本一致。基于两类岩体的模拟宏观力学参数（表 5-1），确定了 DEM 数值模拟中岩质边坡颗粒流模型的微观参数（表 5-2）。同时，通过一系列数值试验和敏感性分析，最终将颗粒的局部阻尼系数设定为 0.7。

岩质边坡的物理力学参数[22]　　　　**表 5-1**

岩性	材料密度ρ/（kg/m^3）	泊松比μ	弹性模量E/GPa	内摩擦角φ/°	黏聚力c/kPa
岩石	2480	0.24	24.4	21	750
节理	1100	0.45	5.2	35	200

离散元模型中岩石和节理的微观参数　　　　**表 5-2**

序号	类型	数值	序号	类型	数值
1	粒径比	1.66	8	颗粒平行粘结模量E_b/GPa	20

续表

序号	类型	数值	序号	类型	数值
2	颗粒密度/（kg/m^3）	2480	9	平行粘结抗拉强度/MPa	13.9
3	颗粒线性接触模量E_c/GPa	10	10	平行黏附黏聚力/MPa	6.5
4	线性接触颗粒的法向刚度与剪切刚度之比k_n/k_s	1.0	11	平行粘结摩擦系数	0.4
5	线性接触颗粒摩擦系数	0.1	12	平行粘结颗粒内摩擦角/°	2.5
6	平行粘结有效间距（m）	1×10^{-5}	13	法向黏性阻尼比 Dp_nratio	0.1
7	平行粘结的法向刚度与剪切刚度之比k_{nb}/k_{sb}	1.2	14	剪切黏性阻尼比 Dp_sratio	0.1

交叉节理边坡模型的构建主要分为以下步骤[23-24]：

（1）生成具有完整岩块特性的颗粒集合体，并建立一个总高度为1400m、总宽度为2700m的边界墙，如图5-5所示。边界墙在无重力和近乎无摩擦的环境下自动平衡，且消除所有浮点颗粒，以生成均匀且密集的颗粒集合体。

（2）进入应力初始化阶段。通过在所有颗粒上设置重力加速度模拟初始地应力的形成，并利用PFC软件中的测量环监测应力的变化，验证是否满足重力平衡的要求。随后，进行裂隙生成步骤。通过在离散裂隙网络中逐个添加裂隙，最终形成由离散裂隙网络和岩块组成的岩体。

（3）进行颗粒粘结设置。依据表5-2中的微观参数设置颗粒接触以及离散裂隙网络的参数。参数设置完成后，移除边坡的边界墙，同时固定边坡底部的颗粒，从而构建出最终的交叉节理边坡模型。

边坡模型构建完成后，加载波形采用了2008年汶川地震期间中国武都地震台记录的50～80s数据。其加速度时程曲线如图5-7所示。

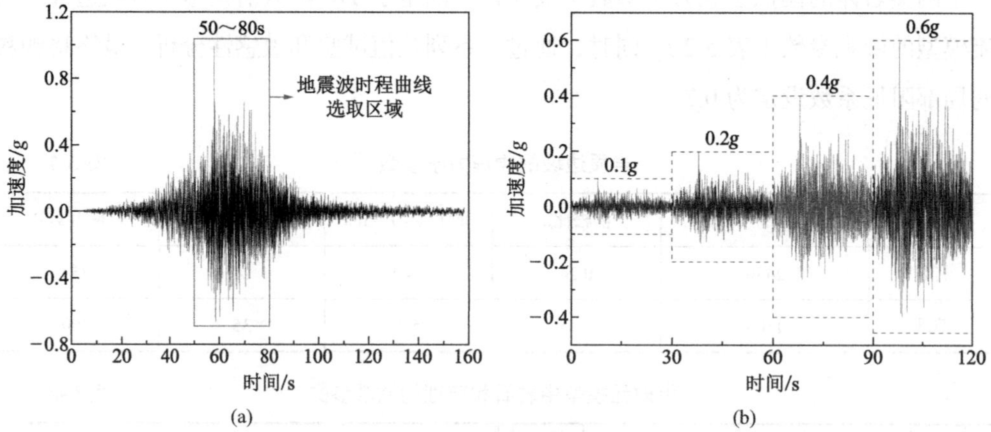

图5-7　加载波形

（a）WE波；（b）模拟连续地震动的波形

5.2 频繁地震下交叉节理边坡的地震动力响应特性

5.2.1 地震波传播特性

地震动与节理的耦合作用使得岩体的波传播特性变得极为复杂。为研究地震动方向对边坡波传播特性的影响，本节以 0.1g雷克子波为例，输入不同方向地震波时交叉节理边坡不同位置的加速度波形特征如图 5-8 和图 5-9 所示。

在图 5-8 中，当输入水平地震波时，节理边坡的波形特征如下：加速度振幅在 0.5～1.5s 范围内普遍较大，在 2.0s 后出现迅速衰减的现象。图 5-9 表明，节理边坡的整体振幅较小，仅在部分时段中出现放大现象。

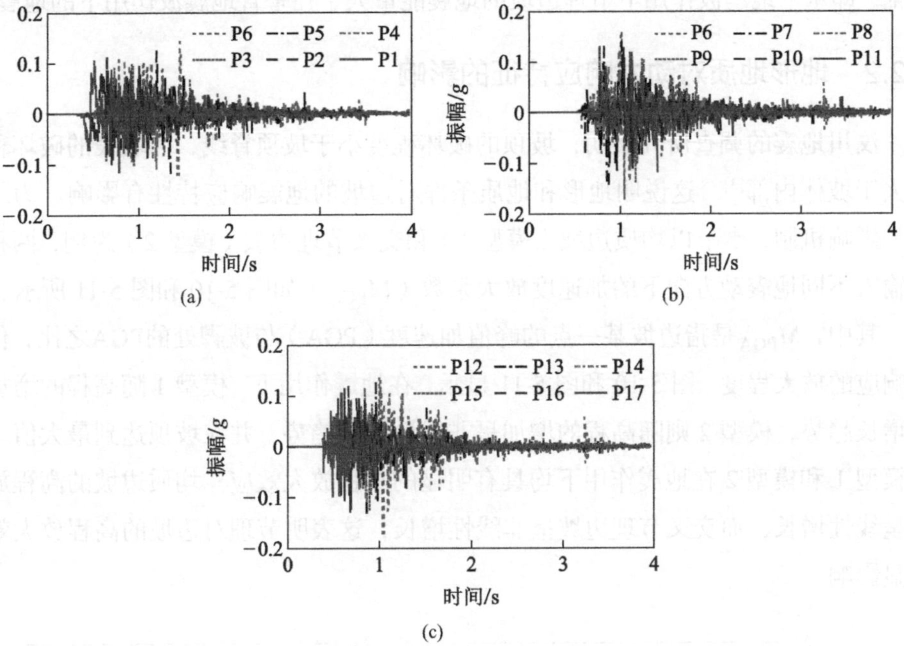

图 5-8　x方向输入时模型 2 的加速度波形

（a）坡表；（b）坡体内部；（c）坡顶面

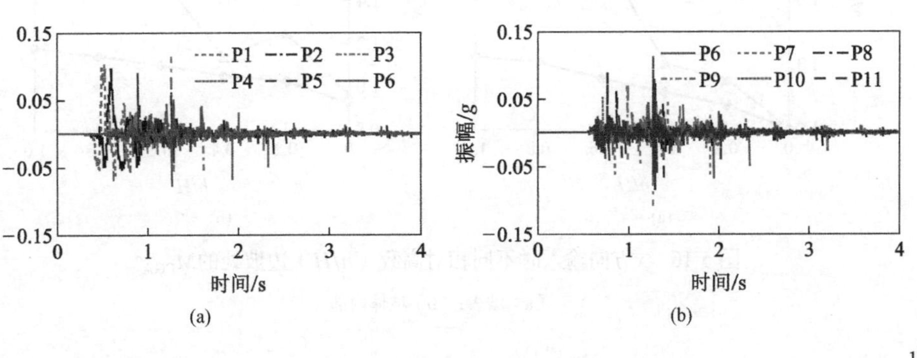

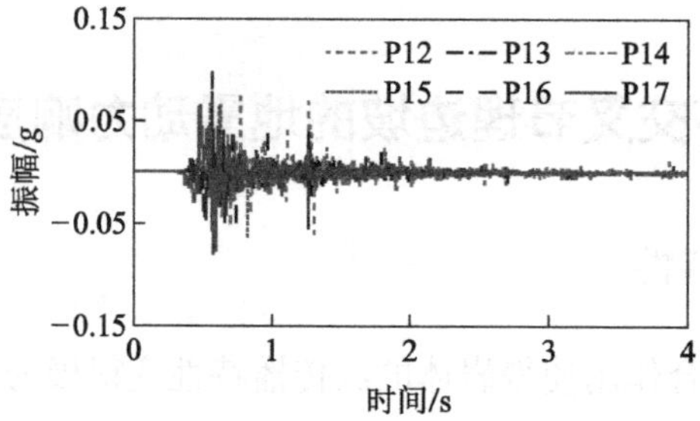

(c)

图 5-9　z方向输入时模型 2 的加速度波形

（a）坡表；（b）坡体内部；（c）坡顶面

通过对比图 5-8 和图 5-9，可以看出地震动方向对节理边坡中波的传播特性有显著影响。当输入水平地震波时，节理边坡的加速度振幅整体上大于在垂直地震波作用下的振幅，即水平地震波作用下节理边坡的地震能量大于在垂直地震波作用下的地震能量。

5.2.2　地形地质对动力响应特征的影响

汶川地震的调查研究表明，坡顶的破坏程度小于坡顶脊线，而坡表的破坏程度明显大于坡体内部[3]。这说明地形和地质条件对边坡的地震响应特性有影响。为了研究这一影响机制，本节以均质边坡（模型 1）和交叉节理边坡（模型 2）为例，两种模型在输入不同地震动方向下的加速度放大系数（M_{PGA}）如图 5-10 和图 5-11 所示。

其中，M_{PGA}是指边坡某一点的峰值加速度（PGA）与坡脚处的PGA之比，代表动力响应的放大程度。图 5-10 和图 5-11 显示，在地震作用下，模型 1 随高程的增加呈线性增长趋势，模型 2 则随高程的增加呈非线性增长趋势，并在坡顶达到最大值。这表明模型 1 和模型 2 在地震作用下均具有明显的高程放大效应。均质边坡的高程放大效应呈线性增长，而交叉节理边坡呈非线性增长，这表明节理对边坡的高程放大效应有明显影响。

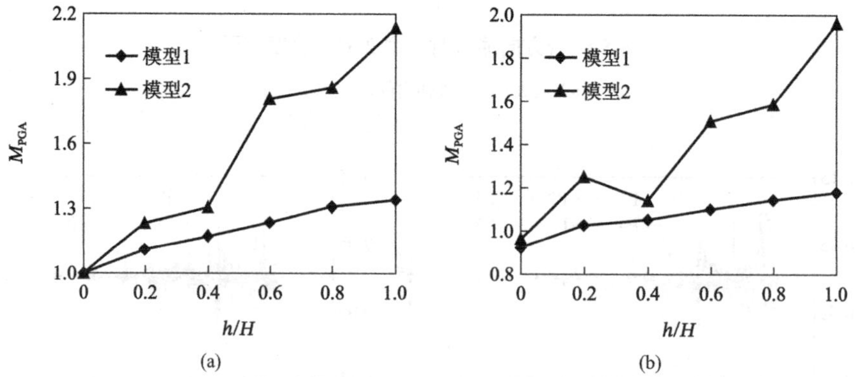

图 5-10　x方向输入时不同相对高程（h/H）边坡处的M_{PGA}

（a）坡表；（b）坡体内部

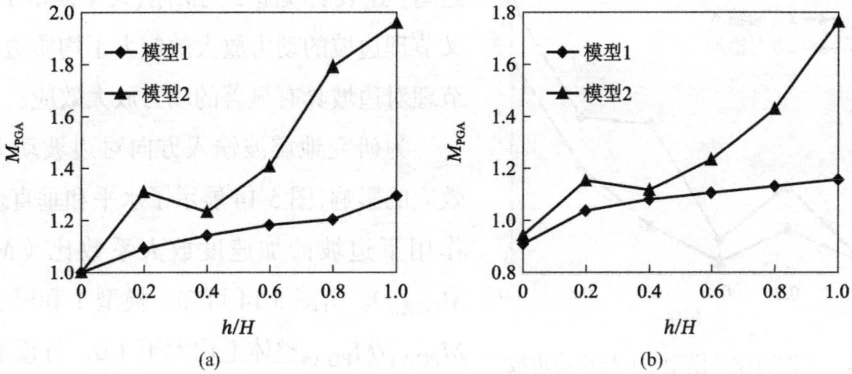

图 5-11　z方向输入时不同相对高程（h/H）边坡处的M_{PGA}

（a）坡表；（b）坡体内部

为分析坡表与放大效应之间的关系，输入不同方向地震动下边坡的动力加速度放大系数（M_{PGA}）如图 5-12 所示。图 5-12（a）表明，在水平地震作用下，模型 1 和模型 2 的坡表与坡体内部M_{PGA}之比分别为 1.07～1.14 和 1.03～1.21。图 5-12（b）显示，在垂直地震作用下，模型 1 和模型 2 的坡表与坡体内部M_{PGA}之比分别为 1.05～1.12 和 1.06～1.26。由图 5-12 可知，模型 1 和模型 2 坡表的动力放大效应均大于其坡体内部。其中，模型 2 的坡表与坡体内部M_{PGA}之比大于模型 1。这表明在地震作用下，交叉节理边坡的坡表放大效应大于均质边坡。

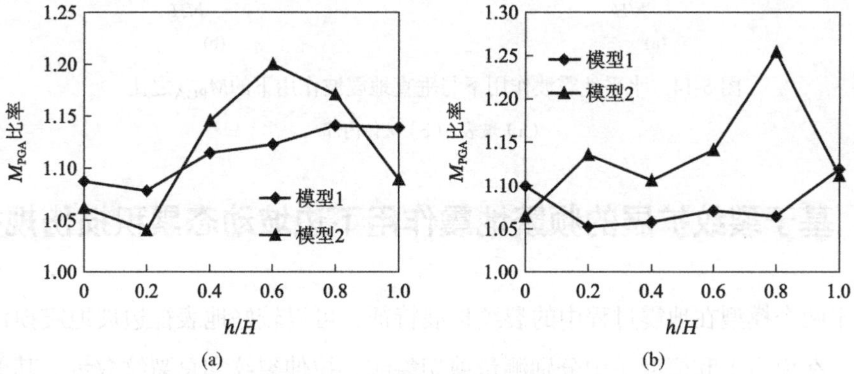

图 5-12　坡表与坡体内部M_{PGA}数值的比率

（a）x方向输入时；（b）z方向输入时

为进一步研究交叉节理对岩质边坡动力响应特性的影响，本节以不同地震动方向下模型 2 与模型 1 之间M_{PGA}的比值（模型 2/模型 1）为例进行分析，如图 5-13 所示。

从图 5-13 可以看出，当相对高程h/H介于 0～0.2 区间内时，模型 2 与模型 1 之间M_{PGA}的比值增长缓慢；当h/H在 0.2～0.4 范围内时，该比值出现下降现象；当h/H超过 0.4 时，该比值迅速增长。其中，模型 2 与模型 1 之间M_{PGA}的比值整体范围在 1.0～1.7

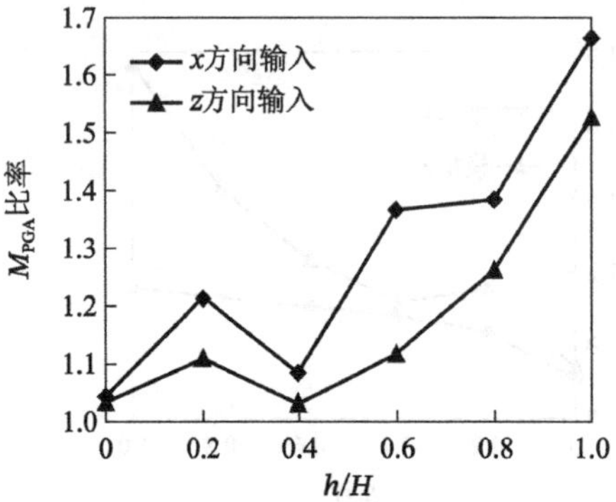

图 5-13 节理边坡（模型 2）与均质边坡（模型 1）M_{PGA}数值的比率

之间。这表明模型 2 的M_{PGA}大于模型 1，即交叉节理边坡的动力放大效应大于均质边坡，且节理对边坡具有显著的动力放大效应。

为研究地震波输入方向对边坡动力放大效应的影响，图 5-14 展示了水平和垂直地震波作用下边坡的加速度放大系数比（M_{PGAx}/M_{PGAz}）。由图 5-14 可知，模型 1 和模型 2 的M_{PGAx}/M_{PGAz}整体上均大于 1.0，且模型 2 的M_{PGAx}/M_{PGAz}总体上大于模型 1。这表明水平地震波对边坡的动力放大效应大于垂直地震波，且 S 波对交叉节理边坡的动力放大效应大于均质边坡，这与交叉节理边坡的地质结构密切相关。

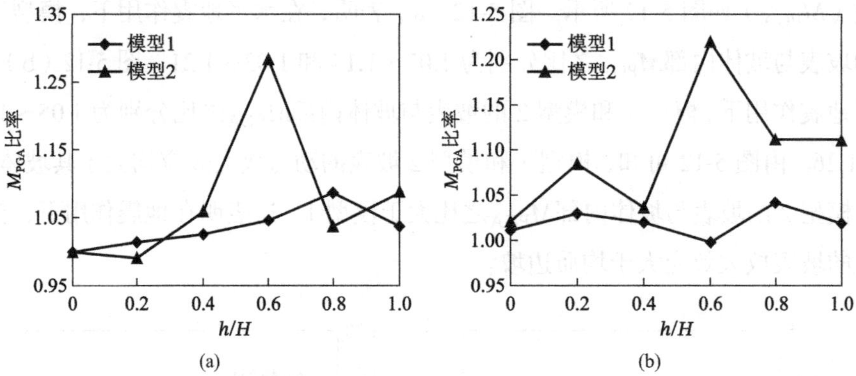

图 5-14 水平地震波作用下与垂直地震波作用下的M_{PGA}之比

（a）坡表；（b）坡体内部

5.3 基于裂纹扩展的频繁地震作用下边坡动态累积损伤规律

基于两个模型在地震过程中的裂纹扩展特征，可以较好地表征边坡地震损伤的演化过程。在模型 1 和模型 2 中分别测量剪切裂纹、拉伸裂纹和总裂纹数量，其剪切裂纹的数量演化和位置分布可以反映边坡在地震作用下的剪切变形行为，拉伸裂纹的变化和分布特征间接反映边坡动力拉伸破坏的演化特性。通过分析总裂纹的变化特征，研究边坡在大范围内的损伤变化，从而更准确地把握边坡变形和破坏的动态变化。

水平地震波作用下，模型 1 和模型 2 裂纹随地震动时间增加的变化特征如图 5-15 所示。图 5-15（a）显示，在 S 波作用下，模型 1 的地震损伤演化过程可分为四个阶段。第 1 阶段（≤0.1g）中，在 0～3s 区间内，剪切裂纹、拉伸裂纹和总裂纹的数量迅速增加，分别约为 500 条、800 条和 1300 条，在 3～30s 范围内逐渐趋于稳定。这表明在 0.1g水平地震波作用下，均质边坡出现了一定程度的损伤。第 2 阶段（0.1g～0.2g）中，3 种裂纹的数量均有所增加，这表明随着地震强度的增加，边坡进一步发生累积损伤变形。第 3 阶段（0.2g～0.4g）中，裂纹数量再次迅速增加，即在此阶段，边坡滑移并开始发生失稳破坏。在第 4 阶段（0.4g～0.6g），随着地震强度的增加，边坡裂纹数量进一步增加，并逐渐趋于稳定。这表明在这一阶段，滑体的滑动规模进一步扩大并逐渐结束。

由图 5-15（b）可知，在水平地震波作用下，模型 2 与模型 1 的裂纹演化规律明显不同。在地震动初期，边坡裂纹数量迅速增加到一定程度后缓慢增加。在第 3 阶段（0.2g～0.4g）时裂纹数量快速增加，即在第 3 阶段边坡开始出现一定规模的滑动破坏。在第 4 阶段（0.4g～0.6g），边坡裂纹数量再次迅速增加后趋于稳定，表明边坡发生了大规模滑动破坏。

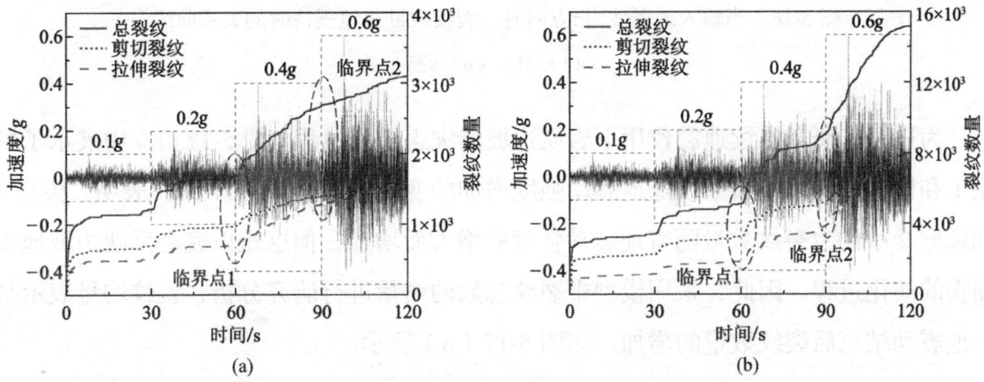

图 5-15　当输入地震波为x方向时，裂纹数量与地震持时的关系曲线

（a）模型 1；（b）模型 2

图 5-16 展示了在垂直地震波作用下，随着地震动时间的增加，模型 1 和模型 2 中裂纹变化特性的对比。从图 5-16（a）可以看出，模型 1 在垂直地震波作用下存在两个临界点。当地震动时间约为 80s 和 100s 时，边坡裂纹数量迅速增加。这说明在地震动强度为 0.4g～0.6g的阶段，边坡已持续受到地震损伤，并发生了持续的滑动破坏。图 5-16（b）则显示，模型 2 仅在地震动持续时间约为 55s 和 90s 时，才出现持续的地震损伤。

因此，对比模型 1 和模型 2 在 S 波作用下的裂纹发展过程，模型 1（均质边坡）的滑动破坏主要发生在第 3 阶段（0.2g～0.4g），并在第 4 阶段（0.4g～0.6g）中继续增加一段时间后逐渐趋于稳定。而模型 2 在第 3 阶段（0.2g～0.4g）即发生了滑动破坏，并在第 4 阶段（0.4g～0.6g）中进一步发生了滑动破坏。模型 2 的剪切裂纹、拉伸裂纹和总裂纹数量约为模型 1 的 5 倍，这表明交叉节理对边坡在 S 波作用下的地震损伤演化过程有较大影响。交叉节理进一步削弱了边坡的动力稳定性，加剧了边坡的动力失稳破坏。通过对比 S 波和 P 波作用下边坡裂纹的演化过程可知，在 S 波作用下，交叉节理边坡的整体裂纹数量约为 P 波作用下的 2.5 倍。综上所述，S 波对交叉节理边坡的失稳破坏具有控制作用。

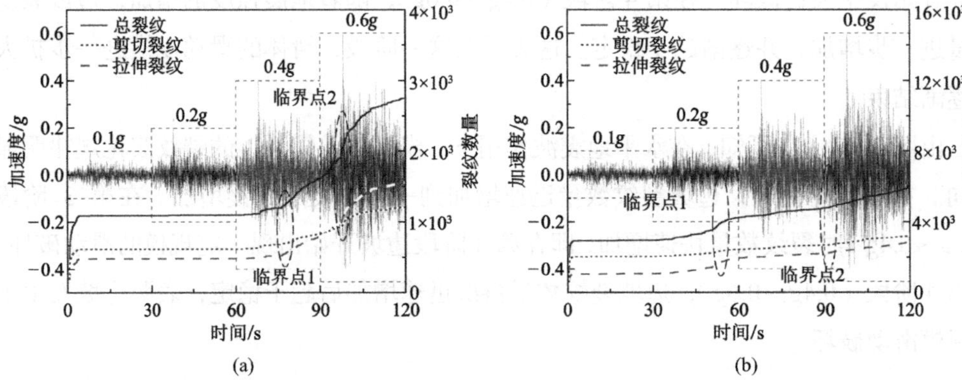

图 5-16　当输入地震波为z方向时，裂纹数量与地震持时的关系曲线

（a）模型 1；（b）模型 2

为进一步研究连续地震作用下岩质边坡的灾害演化过程，图 5-17（a）中展示了模型 1 和模型 2 中总裂纹数量随地震动强度增加的变化特性。图 5-17（a）表明，模型 1 和模型 2 中的总裂纹数量随着地震动强度的增大而增加，但这难以完全反映边坡地震损伤的演化过程。因此，采用模型中裂纹总数的增量进行研究分析，裂纹增量表示某一地震动结束后裂纹数量的增加，如图 5-17（b）所示。

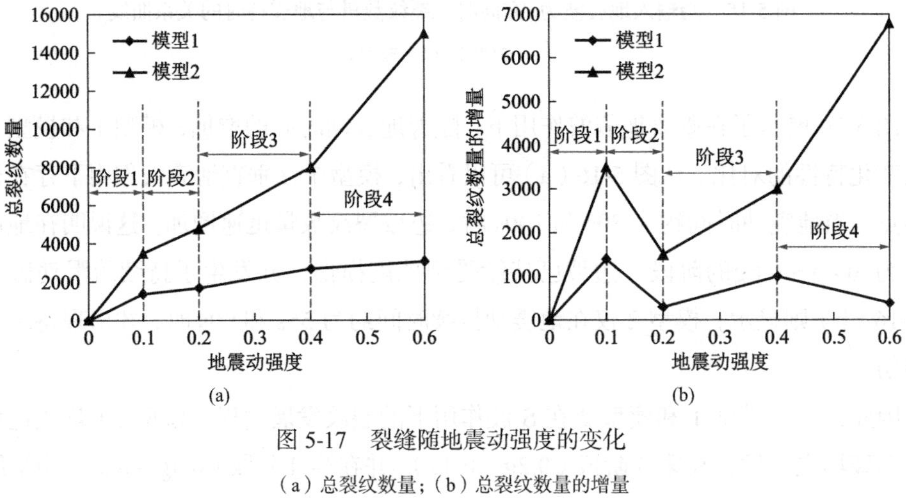

图 5-17　裂缝随地震动强度的变化

（a）总裂纹数量；（b）总裂纹数量的增量

地震作用下边坡的动力破坏过程可分为四个阶段：裂纹起始阶段（≤0.1g，稳定阶段）、裂纹累积阶段（0.1g～0.2g，小变形阶段）、裂纹扩展阶段（0.2g～0.4g，大变形阶段）和裂纹贯通阶段（0.4g～0.6g，失稳阶段）。在第 4 阶段中，模型 1 的裂纹增量

减少并逐渐趋近于 0。而模型 2 的裂纹增量继续增加，进一步验证模型 2 在第 4 阶段的动力失稳破坏更为加剧。模型 1 的动力失稳主要出现在第 3 阶段，并在第 4 阶段逐渐趋于稳定。

此外，模型 1 和模型 2 的裂纹数量及其分布情况如图 5-18 所示。模型 2 的裂纹数量远少于模型 1，约为模型 1 的 0.2 倍。这表明在地震作用下，均质边坡的累积损伤规模大于交叉节理边坡。

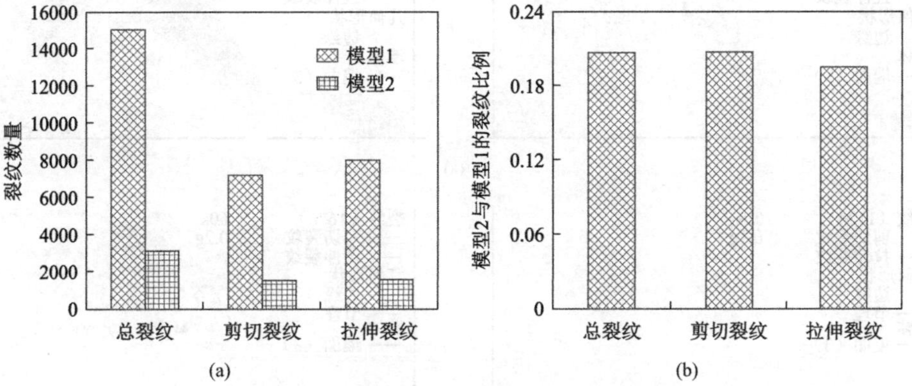

图 5-18　模型 1 和模型 2 的裂纹数量及其分布情况

（a）裂纹数量；（b）模型 2 与模型 1 的裂纹比例

5.4　频繁地震作用下节理边坡的破坏模式

5.4.1　基于裂纹扩展的频繁地震作用下边坡粘结特性的损伤演变特征

当输入水平地震波时，模型 1 和模型 2 在连续地震作用下颗粒间的粘结破坏分布如图 5-19 所示。模型 1 和模型 2 在垂直地震波作用下的粘结破坏分布如图 5-20 所示。

从图 5-19（a）可以看出，在地震动强度小于 0.2g的初期阶段，均质边坡内出现一定数量的剪切裂纹和拉伸裂纹，总体上分布相对均匀，未出现明显的局部集中现象；地震动强度提升至 0.4g时，颗粒间的粘结数迅速增加（粘结破坏数为 9801），滑移带附近的拉伸和剪切裂纹明显聚集，表明裂纹扩展滑移带已初步形成；当地震动强度增至 0.6g时，粘结破坏现象更为剧烈（粘结破坏数为 15147），大量拉剪裂纹在滑移带上方的滑体区域内累积，最终诱发滑体的滑动失稳。

图 5-19（b）展示了交叉节理边坡在地震作用下其粘结特性的损伤演变特征：在地震动强度低于 0.2g时，坡表裂纹数量较少，未出现明显的聚集现象，且边坡整体未显现出变形破坏的迹象；当地震动强度达到 0.4g时，坡表附近的粘结破坏发展迅速并集中显现（粘结破坏数为 2670），边坡逐渐发生失稳破坏，但其裂纹数量明显少于均质边坡。

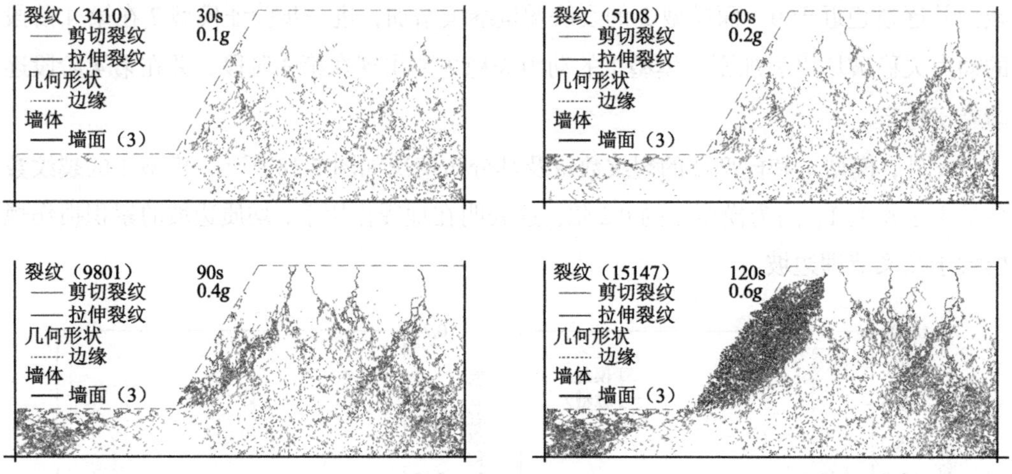

(a)

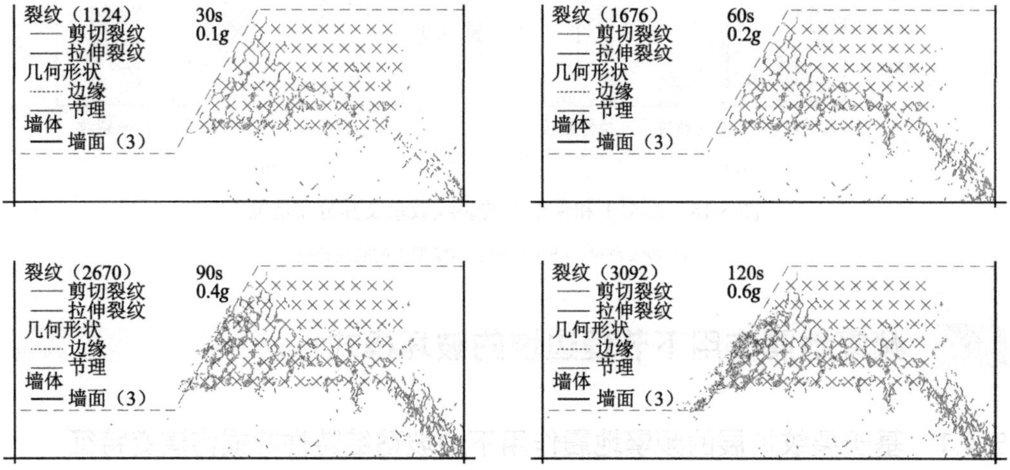

(b)

图 5-19　当输入x方向地震波时，模型中粘结失效过程的演变

（a）模型 1；（b）模型 2

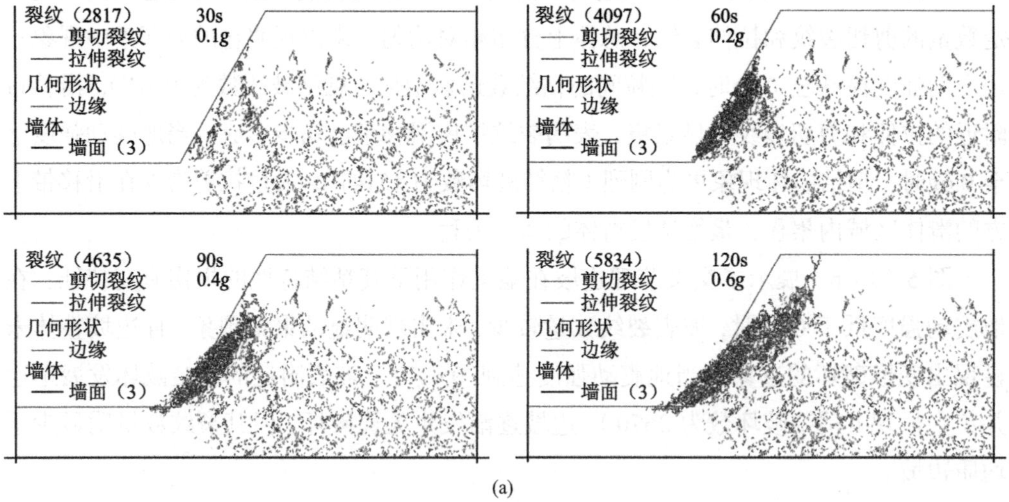

(a)

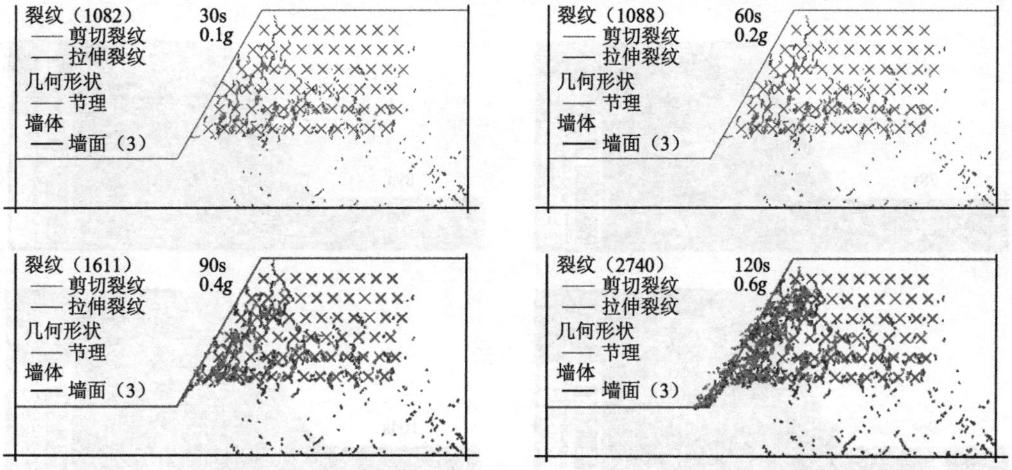

(b)

图 5-20　当输入z方向地震波时，模型中粘结失效过程的演变

（a）模型 1；（b）模型 2

通过对比图 5-19 和图 5-20 可知，S 波作用下边坡裂纹数量明显大于垂直地震波作用下边坡裂纹数量。说明边坡的动力破坏主要受 S 波控制。

此外，节理对地震作用下的边坡破坏模式也有影响。由图 5-20 可以看出，在均质边坡（模型 1）的滑体中，拉伸裂纹占多数，而节理边坡（模型 2）的滑体中剪切裂纹的数量明显大于拉伸裂纹。这表明在连续地震作用下，均质边坡主要发生拉伸破坏，节理边坡主要发生剪切破坏。

综上所述，连续地震作用下边坡粘结破坏的累积损伤演化过程如下：在均质边坡中，粘结破坏首先发生在坡底，并随着地震动的持续向坡表累积。相比之下，节理边坡的粘结破坏率明显低于均质边坡。节理边坡的粘结破坏主要影响初始裂纹附近的边坡区域和坡脚部分。在地震动的持续作用下，新的粘结破坏沿着初始裂纹发展，并在坡表区域累积。由于局部地震波在边坡中传播时，在不连续节理、裂缝以及坡表附近存在较多反射和折射现象，造成地震波的局部叠加，使得节理边坡比均质边坡更容易发生塑性变形。

5.4.2　基于累积位移的频繁地震作用下边坡破坏演化规律

模型 1 和模型 2 在连续水平和垂直地震动作用下的破坏演化过程如图 5-21 和图 5-22 所示。

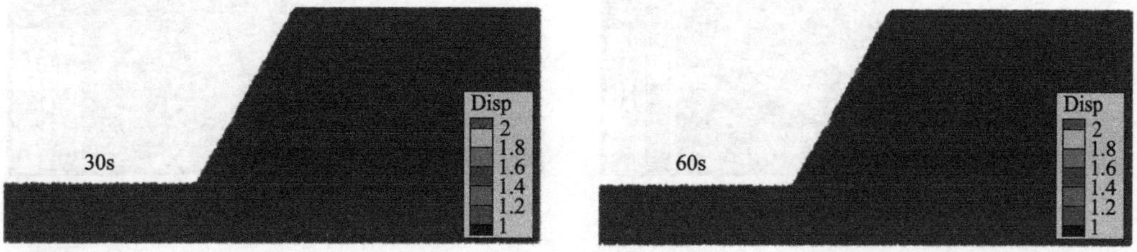

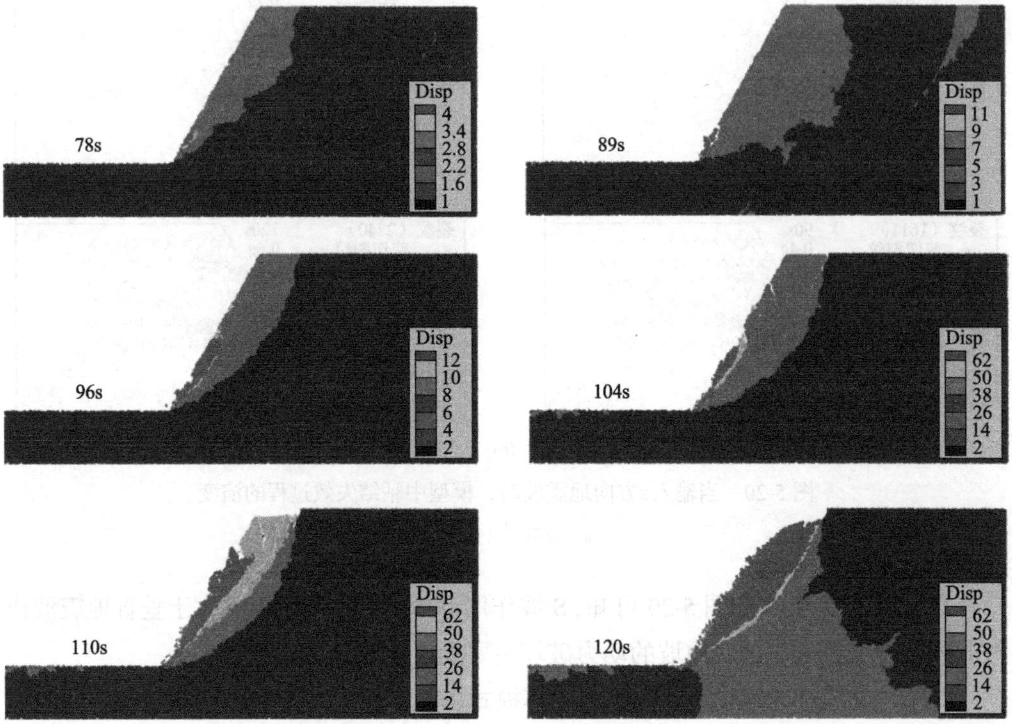
78s
Disp
4
3.4
2.8
2.2
1.6
1
89s
Disp
11
9
7
5
3
1
96s
Disp
12
10
8
6
4
2
104s
Disp
62
50
38
26
14
2
110s
Disp
62
50
38
26
14
2
120s
Disp
62
50
38
26
14
2

(a)

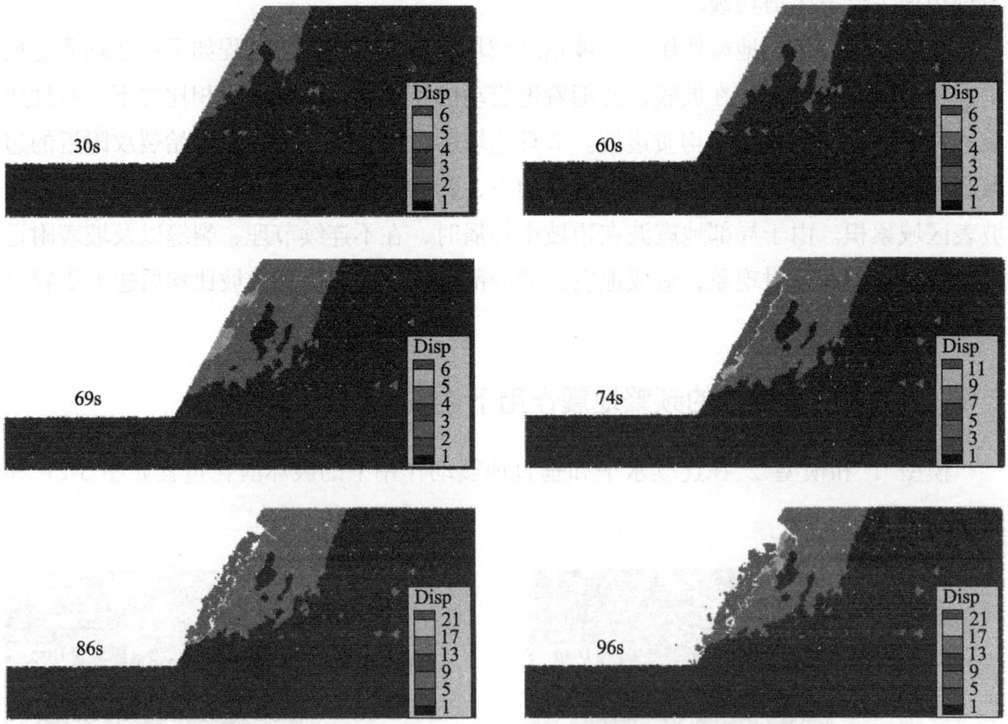
30s
Disp
6
5
4
3
2
1
60s
Disp
6
5
4
3
2
1
69s
Disp
6
5
4
3
2
1
74s
Disp
11
9
7
5
3
1
86s
Disp
21
17
13
9
5
1
96s
Disp
21
17
13
9
5
1

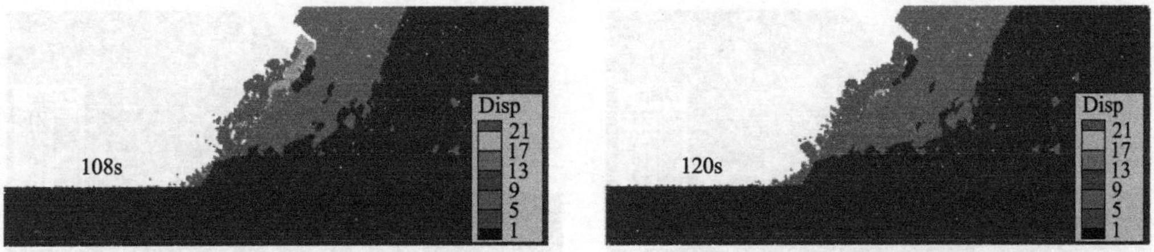

(b)

图 5-21　当输入x方向地震波时，连续地震作用下边坡累积损伤演化过程的动态位移分布（单位：dm）

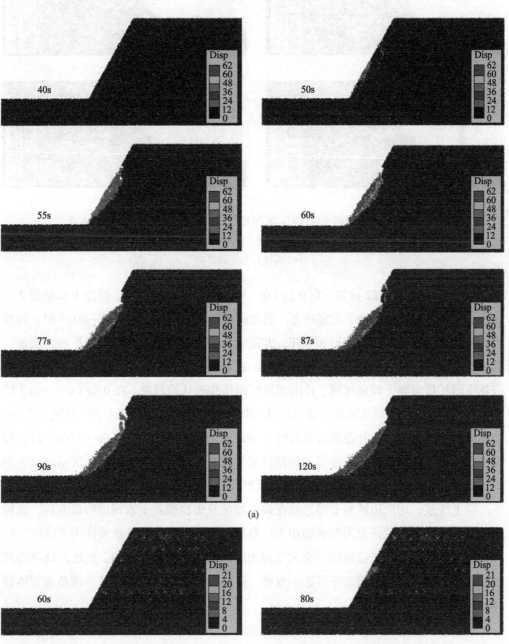

（a）模型 1；（b）模型 2

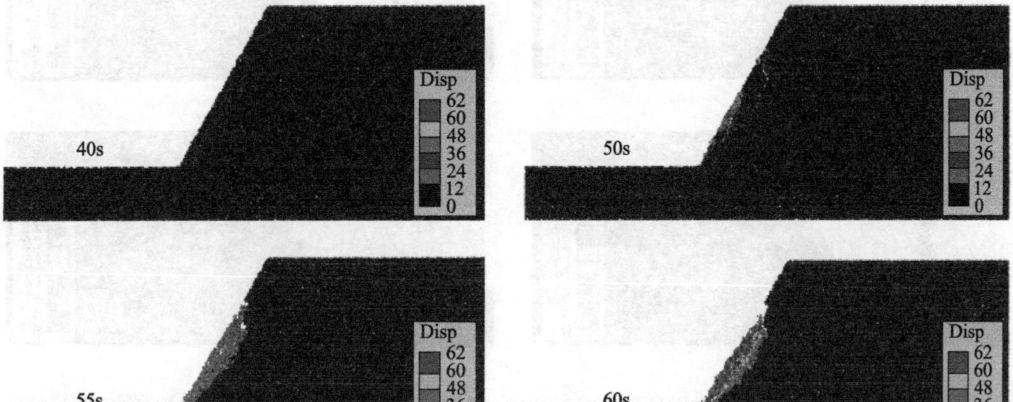

(a)

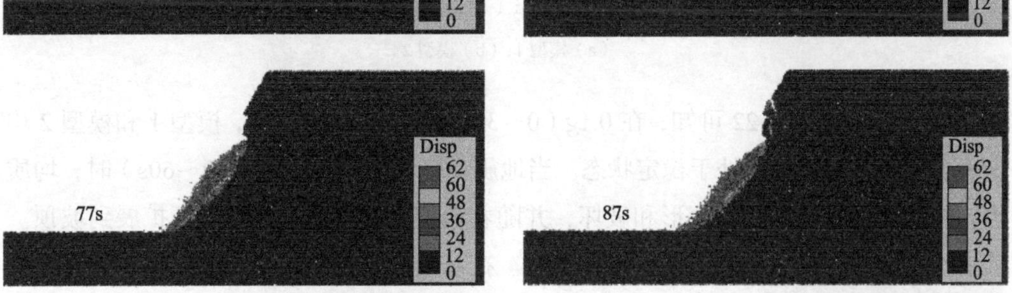

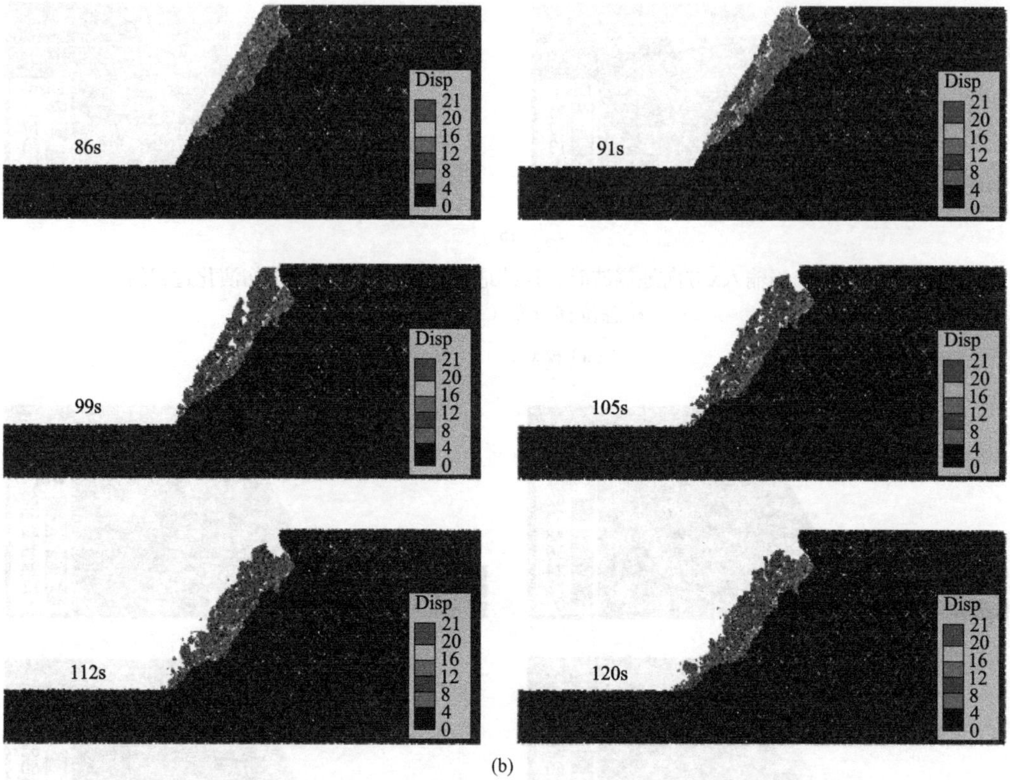

图 5-22　当输入z方向地震波时，连续地震作用下边坡累积损伤演化过程的动态位移分布（单位：dm）

（a）模型 1；（b）模型 2

由图 5-21 和图 5-22 可知，在 0.1g（0～30s）的地震动强度下，模型 1 和模型 2 均未表现出明显的变形，处于稳定状态。当地震动强度提升至 0.2g（30～60s）时，均质边坡的坡脚开始发生局部变形和破坏，并随着地震动的持续，裂缝逐渐扩展到坡顶。其中，模型 2 的局部破坏始于其坡面中部。在 0.2g地震波加载结束时，模型 2 的局部破坏逐渐扩展至整个坡面区域，并出现累积损伤和破坏的现象。在 0.4g（60～90s）的地震动强度作用下，均质边坡的累积损伤沿坡面向边坡中上部逐渐扩展。在模型 2 中，坡面的破坏区域扩大，并逐渐形成滑体。当地震动强度达到 0.6g（90～120s）时，模型 1 中逐渐形成滑体，随着地震动的持续发生大规模的失稳破坏，滑动区呈现出典型的圆弧特征。相比之下，模型 2 表现出不稳定滑动破坏的特点。

综上所述，均质边坡与节理边坡在破坏特征及失稳模式上表现出明显差异，这种差异与节理的分布特征及类型密切相关。具体而言，均质边坡在地震作用下倾向于沿圆弧滑动带发生滑动失稳破坏。交叉节理边坡因其独特的岩体结构，展现出块体形式的崩塌和滑动特征，其滑动带形态不规则，这是由于地震作用下交叉节理造成岩体破坏的特征所致。

因此，颗粒间的粘结主要由两个因素决定：一是颗粒间的粘结强度；二是摩擦系数。当颗粒间所承受的实际拉力或切向力超过其对应的粘结强度时，即发生粘结破坏。颗粒间裂纹的出现，正是粘结强度失效的直接结果。由于应力集中，初始裂纹区域内的颗粒粘结强度进一步减弱，导致裂纹扩展并形成潜在的滑动面。

节理的分布特征和类型对边坡的累积损伤、破坏模式有主要影响。地震作为外部驱动力使裂纹扩展和延伸，从而在边坡结构中形成潜在的滑移面。节理通过影响裂纹的起裂以及扩展，控制滑体的演化过程和滑区特征，进而影响边坡的破坏模式。值得注意的是，节理边坡的滑动开始时间明显早于均质边坡，且其滑体的规模小于均质边坡。地震波在不连续节理、裂纹和边坡附近发生反射和折射，导致节理边坡比均质边坡更容易发生塑性变形。在节理边坡的滑体区域内，剪切裂纹的数量明显多于拉伸裂纹。

在持续地震作用下，节理边坡的地震失稳过程呈现出渐进性破坏特征，其地震失稳机制如下：在小幅地震（0～0.1g）作用下，节理边缘的坡面裂纹开始萌生，并出现局部损伤与破坏。随着地震动的持续（0.1g～0.2g），裂纹不断加深并扩展，局部损伤进一步累积。当损伤累积到一定程度（0.4g～0.6g）时，滑体逐渐形成，边坡发生滑动并失去稳定性。这一过程进一步阐明了节理边坡地震累积损伤的演化过程，包括局部损伤（起始效应）、局部损伤扩展（累积效应）以及滑体失稳（加速效应）。上述结论与节理边坡的振动台模型试验结果相吻合（图 5-23）[25]。

图 5-23　振动台模型试验中节理边坡的动态破坏过程

5.5 小结

本章采用了 DEM 研究交叉节理边坡的累积损伤演化过程，以下是得出的一些主要结论：

（1）交叉节理边坡具有地形和地质放大效应，其高程放大效应表现出明显的非线性特征。在水平和垂直地震作用下，交叉节理边坡表面的M_{PGA}分别为坡内相应值的 1.07～1.21 倍和 1.1～1.26 倍。交叉节理放大了边坡的动力响应，其M_{PGA}约为均质边坡的 1.4～1.7 倍。地震波的传播方向对边坡的波传播特性有显著影响。交叉节理边坡在 S 波作用下的M_{PGA}大于 P 波作用下的M_{PGA}，且 S 波对节理边坡的动力放大效应强于均质边坡。

（2）交叉节理边坡的地震损伤演化过程可划分为裂纹起始（稳定）阶段（≤0.1g）、裂纹累积（小变形）阶段（0.1g～0.2g）、裂纹扩展（大变形）阶段（0.2g～0.4g）以及裂纹贯通（失稳）阶段（0.4g～0.6g）。均质边坡的动力失稳规模大于交叉节理边坡，且在 S 波作用下，均质边坡的裂纹数量约为交叉节理边坡的 5 倍。与均质边坡相比，交叉节理的滑动开始和失稳时间更早。S 波对交叉节理边坡的失稳破坏起主导作用，S 波作用下交叉节理边坡的裂纹数量约为 P 波作用下的 2.5 倍。

（3）基于颗粒粘结破坏和围岩演化的综合分析，连续地震作用下交叉节理边坡的累积演化过程为：小地震（$\leqslant 0.2g$）作用下，边坡底部首先发生粘结破坏，地表裂纹开始萌生，并出现局部损伤迹象。随着地震动持续增强至中等震级（0.2g～0.4g），新的粘结破坏沿初始裂纹发展并逐渐在坡面积累，同时裂纹不断加深扩大，局部损伤进一步积累。而在强震（$\geqslant 0.4g$）作用下，滑体逐渐形成，并且边坡开始发生失稳破坏。节理对边坡的破坏模式起主导作用，其中节理边坡主要发生剪切破坏，而均质边坡则主要表现为拉伸破坏。

参考文献

[1] Cui P, Zhu Y Y, Han Y S, et al. The 12 May Wenchuan earthquake-induced landslide lakes: distribution and preliminary risk evaluation[J]. Landslides, 2009, 6(3): 209-223.

[2] Tang C, Jing Z, Xin Q, et al. Landslides induced by the Wenchuan earthquake and the subsequent strong rainfall event: a case study in the Beichuan area of China[J]. Engineering Geology, 2011, 122(1-2): 22-33.

[3] Huang R, Pei X, Fan X, et al. The characteristics and failure mechanism of the largest landslide triggered by the Wenchuan earthquake, May 12, 2008, China[J]. Landslides, 2012, 9: 131-142.

[4] Xu C, Xu X, Yao X, et al. Three(nearly)complete inventories of landslides triggered by the may 12, 2008 Wenchuan Mw 7.9 earthquake of China and their spatial distribution statistical analysis[J]. Landslides, 2014, 11(3): 441-461.

[5] Yin Y, Li B, Wang W. Dynamic analysis of the stabilized Wangjiayan landslide in the Wenchuan Ms 8.0 earthquake and aftershocks[J]. Landslides, 2015, 12: 537-547.

[6] Scaringi G, Fan X, Xu Q, et al. Some considerations on the use of numerical methods to simulate past landslides and possible new failures: the case of the recent Xinmo landslide(Sichuan, China)[J]. Landslides, 2018, 15: 1359-1375.

[7] Jibson R W, Tanyaş H. The influence of frequency and duration of seismic ground motion on the size of triggered landslides—a regional view[J]. Engineering Geology, 2020, 273, 105671.

[8] Sakai Y, Uchida T, Hirata I, et al. Interrelated impacts of seismic ground motion and topography on coseismic landslide occurrence using high-resolution displacement SAR data[J]. Landslides, 2022, 19: 2329-2345.

[9] Macedo J, Candia G, Maxime Lacour M, et al. New developments for the performance-based assessment of seismically-induced slope displacements[J]. Engineering Geology, 2020, 277, 105786.

[10] Bian K, Liu J, Hu X J, et al. Study on failure mode and dynamic response of rock slope with non-persistent joint under earthquake[J]. Rock and Soil Mechanics, 2018, 39(8): 3029-3037.

[11] Hu X, Gong X, Hu H, et al. Cracking behavior and acoustic emission characteristics of heterogeneous

granite with double pre-existing filled flaws and a circular hole under uniaxial compression: Insights from grain-based discrete element method modeling[J]. Bulletin of Engineering Geology and the Environment, 2022, 81(4): 162.

[12] 胡训健, 卞康, 李鹏程, 等. 水平厚层状岩质边坡地震动力破坏过程颗粒流模拟[J]. 岩石力学与工程学报, 2017, 36(9): 2156-2168.

[13] Itasca Consulting Group Inc. PFC, Version 5.0[Z]. Minneapolis, 2014.

[14] Zhang X P, Wong L N Y. Crack initiation, propagation and coalescence in rock-like material containing two flaws: a numerical study based on bounded-particle model approach[J]. Rock Mechanics and Rock Engineering, 2013, 46(5): 1001-1021.

[15] Bahaaddini M, Sharrock G, Hebblewhite B K. Numerical direct shear tests to model the shear behaviour of rock joints[J]. Computers Geotechnics, 2013, 51: 101-115.

[16] Mehranpour M H, Kulatilake P H S W. Improvements for the smooth joint contact model of the particle flow code and its applications[J]. Computers and Geotechnics, 2017, 87(7): 163-177.

[17] Bona P, Min K B, Nicholas T, et al. Three-dimensional bonded-particle discrete element modeling of mechanical behavior of transversely isotropic rock[J]. International Journal of Rock Mechanics and Mining Sciences, 2018, 110: 120-132.

[18] Cundall P A, Strack O D L. A discrete numerical model for granular assemblies[J]. Geotechnique, 1979, 29: 47-65.

[19] He J, Xiao L, Li S, et al. Study of seismic response of colluvium accumulation slope by particle flow code[J]. Granular Matter, 2010, 12(5): 483-490.

[20] 张国凯, 李海波, 夏祥, 等. 岩石细观结构及参数对宏观力学特性及破坏演化的影响[J]. 岩石力学与工程学报, 2016, 35(7): 1341-1352.

[21] Jiang M, Zhang N, Cui L, et al. A size-dependent bond failure criterion for cemented granules based on experimental studies[J]. Computers Geotechnics, 2015, 69: 182-198.

[22] 王斌. 强震作用下含不连续面高陡岩质边坡动力响应振动台试验研究[D].上海: 上海交通大学, 2015.

[23] Itasca Consulting Group Inc. PFC2D Particle Flow Code[Z]. Minneapolis, 2002.

[24] Bian K, Liu J, Hu X J, et al. Study on failure mode and dynamic response of rock slope with non-persistent joint under earthquake[J]. Rock and Soil Mechanics, 2018, 39(8): 3029-3037.

[25] Che A L, Yang H K, Wang B, et al. Wave propagations through jointed rock masses and their effects on the stability of slopes[J]. Engineering Geology, 2016, 201: 45-56.

第 6 章

地震作用下层状节理边坡动力响应特征及破坏模式

地震作用下
复杂岩质边坡动力响应
特征及致灾机理

在中国山区，频繁发生的地震已诱发了大量滑坡现象[1]。2008 年汶川地震，诱发了约 56000 起滑坡和崩塌[2]。2017 年四川省茂县新磨村滑坡的发生也与该地区先前发生的多次大地震有直接关系[3]。近年来，中国因地震引发的边坡失稳造成了巨大损失，其中，地震滑坡所导致的损失比例更是超过了地震总损失的一半[4]。因此，深入研究地震滑坡现象，对于提升抗震能力和减少灾害损失具有极其重要的意义。

目前，中国已进入地震活动频发期，地震诱发的滑坡灾害日益增多[5]。滑坡的地震失稳过程具有累积损伤的特性[6]。Fan 等[7]研究了频繁地震作用下岩质边坡的累积损伤特征。He 等[8]针对新磨村滑坡的滑动机制进行了深入研究，重点探讨了地震对岩体的累积损伤效应。胡训健等[9]的研究发现复杂边坡的动力失稳过程具有逐渐累积损伤的特点。边坡结构面内含有大量不连续节理，其延伸与收敛削弱了岩体的力学性能和完整性[10-11]。地质材料的非连续性和复杂性导致岩体动力响应更加复杂[12]。由于不同地质结构及周围环境应力的影响，岩质边坡展现出不同的破坏与失稳特征[13]。

岩体中不连续节理与地震波之间复杂的相互作用，使得当前对边坡失稳演化过程的理解尚不充分。节理的分布特征及类型对边坡的动力稳定性有着显著影响，但当前对节理边坡动力稳定性的研究不够深入。在连续地震动作用下，含不连续面边坡的失稳模式也尚未被全面揭示。

本章以中国某山区的节理岩质边坡为例，通过合理的地质力学模型概化，采用颗粒流代码（PFC）建立三种包含不连续节理的岩质边坡离散元（DEM）模型。在模型中施加雷克子波与武都台站记录的 2008 年汶川地震波，以探究三种模型在持续地震作用下的动力响应特性及其累积损伤演化过程。本章从多域角度系统地考察岩质边坡的动力稳定性，进一步探讨不连续节理类型对边坡动力响应及地震失稳模式的影响。此外，通过连续加载不同振幅的多个地震动，结合边坡的裂缝扩展、粘结失效及位移演变情况，揭示边坡在地震作用下的累积损伤演化规律。

6.1 数值模型构建

6.1.1 工况分析

该边坡位于中国东部，山体走向基本为北高南低。地面高程一般在 60～200m 之间，地形起伏较大。边坡上部的自然坡度为 25°～75°。边坡基岩裸露，岩体中存在发育的裂缝，且边坡上存在许多不连续节理。主要节理方向包括 NNE 向、NE 向、NWW 向和 NE 向。节理的倾角陡峭，主要的节理走向分别为 N30°～60°E 和 N40°～75°W。边坡主要由含砾粉质黏土、全风化凝灰岩和强风化凝灰岩组成，同时分布着不连续节理，节理厚度在 0.1～0.2m 之间。这些不连续节理呈前倾分布，节理间距为 30～50m。边坡的地形如图 6-1（a）所示。

(a)

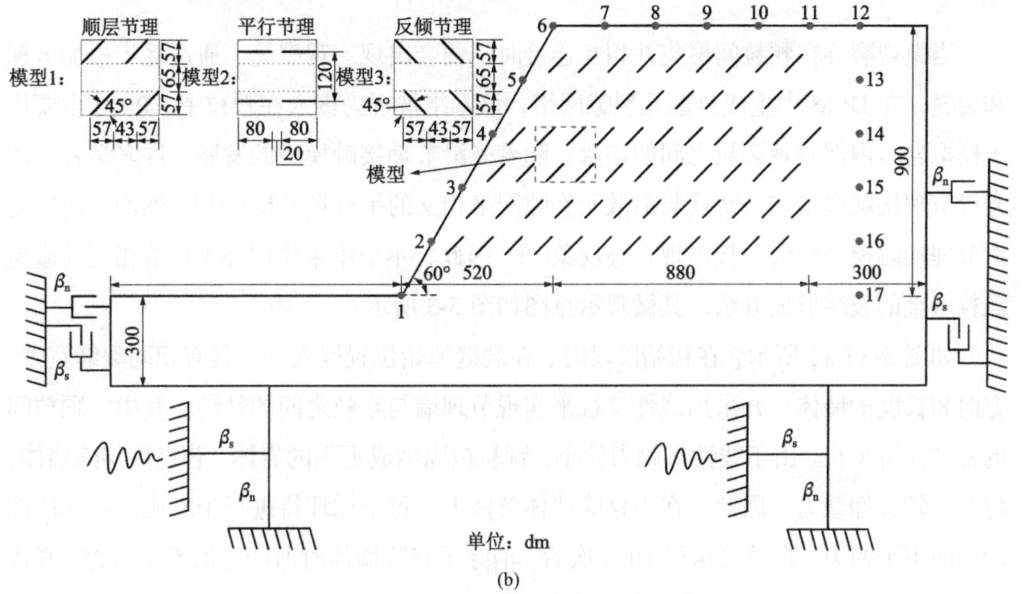

(b)

图 6-1　边坡地形及地质条件

（a）边坡地形；（b）地质力学模型、监测点及边界条件设置

6.1.2　地质力学模型

节理的类型和分布特征影响着节理边坡的破坏模式。特别是在高烈度地震地区，地震作用成为影响节理边坡抗震稳定性的主要诱发因素。地震作用不仅加剧了节理边坡的失稳，还进一步削弱了岩体内部的地质结构。基于大量地质勘查数据，并参考了多篇关于节理边坡的文献[14-16]，归纳出几种典型的节理边坡地质力学模型，如图 6-1（b）所示。在 DEM 模型中，设置了不连续的节理，模拟的边坡相对高程为 90m，长度为 170m，坡度为 60°。其中，节理岩质边坡的物理力学参数见表 6-1。

岩质边坡的物理力学参数[14]　　表 6-1

岩性	材料密度ρ/（kg/m^3）	泊松比μ	弹性模量E/GPa	内摩擦角φ/°	黏聚力c/kPa
岩石	2480	0.24	24.4	21	750

6.1.3 边界条件与不连续节理设置

岩体具有非均质性、不连续性和各向异性的特征。节理作为岩体中力学性能较差的不良地质体，易发生破坏。在 PFC2D（二维颗粒流程序）中，岩体数值建模主要涵盖平行粘结模型（PBM）和离散元裂隙网络（DFN）两种方法[15-16]。在外力作用下，岩体中的矿物颗粒之间会发生变形，颗粒之间的胶结作用被破坏，从而产生裂缝。PBM 能够较好地模拟岩石结构的微观颗粒接触模型。PBM 将颗粒之间的粘结视为一组具有拉伸阻力、剪切阻力和扭矩效应的平行弹簧，可以模拟岩石中颗粒间的粘结（图 5-2）[17]。

当微观裂缝在颗粒间聚集并相互连接时，便会出现宏观裂缝。通过逐步添加节理和裂缝，在 DEM 中生成离散元裂隙网络，该网络被视为嵌入在颗粒中。PBM 主要用于模拟岩石内部微观颗粒之间的接触。随着光滑节理接触模型的发展，许多学者采用光滑节理接触模型完全替代与离散元裂隙网络相交的平行粘结模型[18]。然而，使用光滑节理接触模型导致颗粒出现重叠现象[19]。因此，本节中采用同 5.1.1 节相同的避免颗粒重叠的裂缝形成方法，其微观示意图如图 5-3 所示。

如图 5-3（a）所示，在初始阶段时，在裂缝原始位置嵌入一个具有相同裂缝宽度、方向和长度的墙体，并采用线性接触来实现节理墙与颗粒之间的粘结。其中，颗粒间的粘结保持平行。由于线性接触力较小，颗粒被固结成更强的岩体。若直接移除墙体，将产生较大卸载力。因此，在不移除墙体条件下，每个循环将进行 100 次以清除墙体产生的不平衡力。在总共执行 1000 次后，消除了移除墙体时所产生的不平衡力。紧接着在颗粒之间应用 PBM，在颗粒与墙体之间应用线性接触模型（图 5-3b）。最终通过移除裂缝位置的墙体并留出该区域形成裂缝（图 5-3c）。在离散元模拟中，选择合理的微观接触模型可以使模拟结果更准确地反映岩石材料的力学特性。本节中采用了考虑胶结尺寸的微接触模型[20]。

在数值模型中，通过在 DEM 底部输入地震加速度时程曲线对地震动进行模拟。为防止地震波发生反射，模型边界采用黏性边界，并在边界上设置阻尼器。考虑到实际地质结构，经过合理概化后建立了包含不连续节理的模型。模型的地质结构和动力计算边界条件如图 6-1 所示，共包含 17 个测量点，用于监测岩石颗粒的位移和加速度。

数值模型的生成包括：具有完整岩块特性的颗粒集合体生成、应力初始化、裂缝生成和颗粒粘结设置。通过建立不同节理倾角和节理间距的模型，探究节理类型对边坡破坏模式的影响。其中，总共建立了三种类型的模型，包括模型 1（顺层节理边坡）、模型 2（平行节理边坡）和模型 3（反倾节理边坡）（图 6-2）。

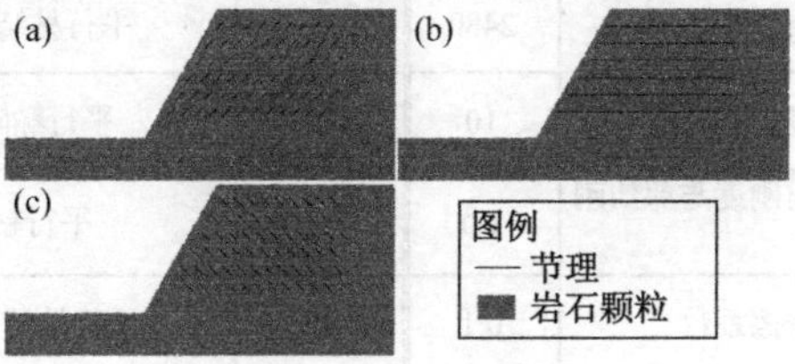

图 6-2　DEM 模型

（a）模型 1（顺层节理边坡）；（b）模型 2（平行节理边坡）；（c）模型 3（反倾节理边坡）

模型中共有 23092 个颗粒，节理厚度为 0.1m，节理长度为 8m。不同模型的节理倾角如图 6-1 所示。采用 WE 波作为加载波形（图 6-3a），雷克子波形状简单，便于分析节理边坡的动力响应特性。选取 50～80s 期间内的 WE 波波形，以探究持续地震作用下节理边坡的累积损伤演化。加载方案如图 6-3（b）所示。

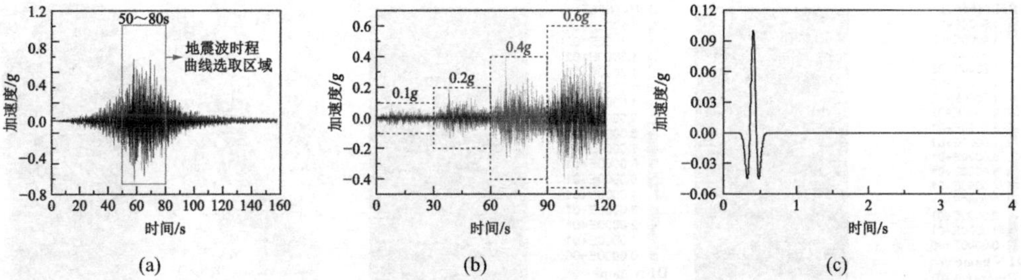

图 6-3　加载波形

（a）WE 波；（b）由 WE 波合成的模拟连续地面运动的波形；（c）雷克子波（0.1g）

以往关于边坡地震响应的研究大多采用从小震到强震的逐步加载方式，如加载地震强度分别为 0.1g、0.2g、0.4g和 0.6g的地震波。这种加载方式并非累积加载，而是在每个工况下单独加载。因此，为研究连续地震作用下边坡的累积损伤效应，在前一个加载条件的基础上，继续进行一系列地震动试验。

6.1.4　参数选取

在 PFC2D 中，模拟材料的性能是通过材料的微观组成合成的[21-22]。同时，采用接触模型模拟颗粒间的物理和力学相互作用[23-24]。通过诸如单（双）轴压缩、巴西圆盘劈裂等数值模拟试验对边坡模型参数进行调整，并与实验室测试中获得的常见岩石宏观力学参数进行匹配校准[25]。为确保数值模拟结果的准确性，还通过单轴压缩试验验证了参数的有效性。最终，确定了 PFC 中所采用模型的模拟微观参数，这些参数详见表 6-2。

离散元模型中岩石和节理的微观参数　　表 6-2

序号	类型	数值	序号	类型	数值
1	粒径比	1.66	8	颗粒平行粘结模量E_b/GPa	20
2	颗粒密度/（kg/m^3）	2480	9	平行粘结抗拉强度/MPa	13.9
3	颗粒线性接触模量E_c/GPa	10	10	平行黏附黏聚力/MPa	6.5
4	线性接触颗粒的法向刚度与剪切刚度之比k_n/k_s	1.0	11	平行粘结摩擦系数	0.4
5	线性接触颗粒摩擦系数	0.1	12	平行粘结颗粒内摩擦角/°	25
6	平行粘结有效间距（m）	1×10^{-5}	13	法向黏性阻尼比 Dp_nratio	0.1
7	平行粘结的法向刚度与剪切刚度之比k_{nb}/k_{sb}	1.2	14	剪切黏性阻尼比 Dp_sratio	0.1

参考以往研究[16,26]，并通过一系列数值试验和敏感性分析，最终将局部阻尼系数确定为 0.7[15]。通过双轴压缩数值试验，利用 PFC 标定了完整岩石和节理岩体的微观参数。数值和实验室岩石力学试验的结果对比见图 6-4 和图 6-5。

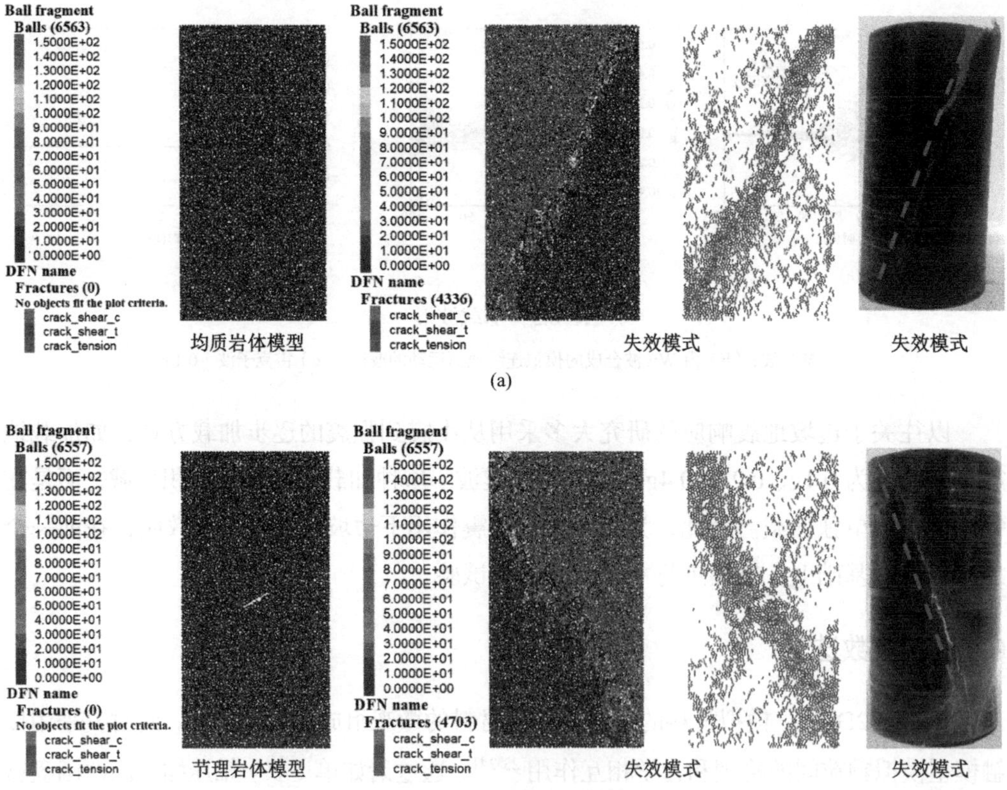

图 6-4　数值模拟值与实验室试验破坏模式对比

（a）均质岩体；（b）节理岩体

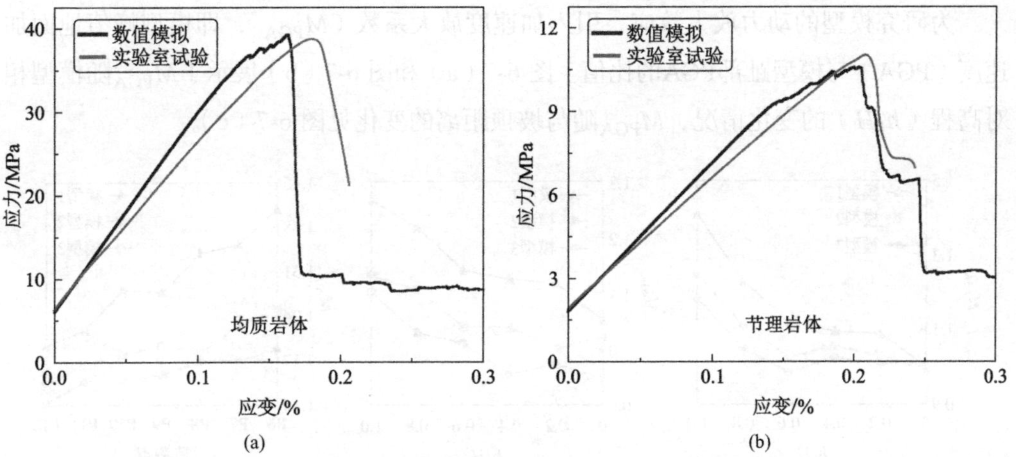

图 6-5　数值试验结果与实验室岩石力学试验结果对比

（a）均质岩体；（b）节理岩体

对于节理岩体，其数值试验结果与实验室试验结果相似。数值模型与实际岩石样本展现出相似的宏观力学特性，微观参数值见表 6-2。其中，表 6-2 所有的微观参数源均通过数值参数校准获得，这表明数值试验的结果较为可靠。

6.2 节理边坡的地震响应

岩体通常表现出不连续性和非均质性，其地震响应特性具有多域性特点。当前研究岩体的地震响应往往都是单域，难以充分反映其地震响应和稳定性。因此，本节从多域视角剖析了 0.1g雷克子波作用下节理边坡的地震响应特性，并进一步探讨了节理类型对边坡抗震稳定性的影响。

6.2.1 时域分析

对三种模型的加速度响应进行动力学分析，并提取其坡表（P1～P6）、坡顶面（P6～P11）及坡体内部（P12～P17）的加速度时程曲线，如图 6-6 所示。

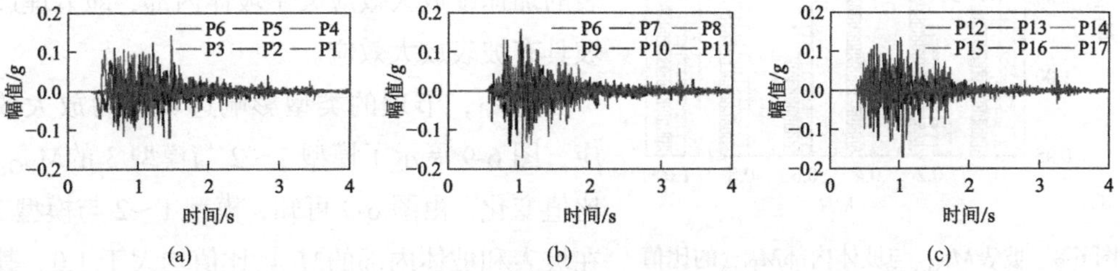

图 6-6　模型 1 的加速度波形

（a）坡表；（b）坡顶面；（c）坡体内部

为研究模型的动力放大效应，引入加速度放大系数（M_{PGA}），即模型峰值地面加速度（PGA）与模型趾部PGA的比值。图 6-7（a）和图 6-7（b）展示了M_{PGA}随模型相对高程（h/H）的变化情况，M_{PGA}随与坡顶距离的变化见图 6-7（c）。

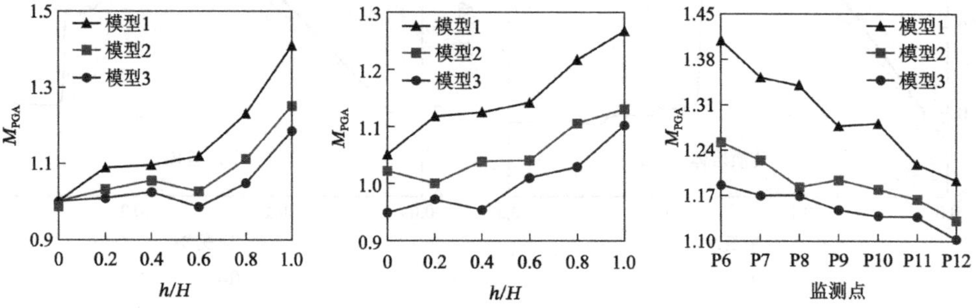

(a) (b) (c)

图 6-7　边坡M_{PGA}随相对高程的变化

（a）坡表；（b）坡体内部；（c）坡顶面

其中，h和H分别代表测点高程和坡体高程。图 6-7（a）和图 6-7（b）表明，模型的M_{PGA}呈现出明显的非线性变化特征。这是由于模型中分布着不连续节理，导致地震波的多重不连续传播现象，从而影响边坡的动力响应变化特性。坡体内部和坡表M_{PGA}随着h/H的增加而增大，并在坡顶处达到最大值。其中，坡体内部与坡表的高程放大效应存在差异。当h/H小于 0.6 时，M_{PGA}无显著差异；当h/H大于 0.6 时，M_{PGA}显示出明显的数值差异。这表明当h/H大于 0.6 时，坡表的高程放大效应更为显著。

此外，对比模型 1～3 的M_{PGA}，可以发现模型 1 的M_{PGA}最大。对于不连续节理而言，顺层节理对模型的放大效应最为显著，其次是平行节理和反倾节理。在图 6-7（c）所示的坡顶位置，M_{PGA}的整体排序为：顺层节理边坡 > 平行节理边坡 > 反倾节理边坡。同时，在坡顶处，M_{PGA}随着与坡肩距离的增加而减小。

为进一步分析坡体内部与坡表放大效应的差异，图 6-8 展示了坡表与坡体内部之间的M_{PGA}比值（例如，M_{PGA}-P2/M_{PGA}-P16）。由图 6-8 可知，坡表与坡内的M_{PGA}比值分别为 0.98～1.13、1.0～1.11 和 1.01～1.09。这表明坡表的加速度放大效应大于坡体内部，即节理边坡具有坡表放大效应。

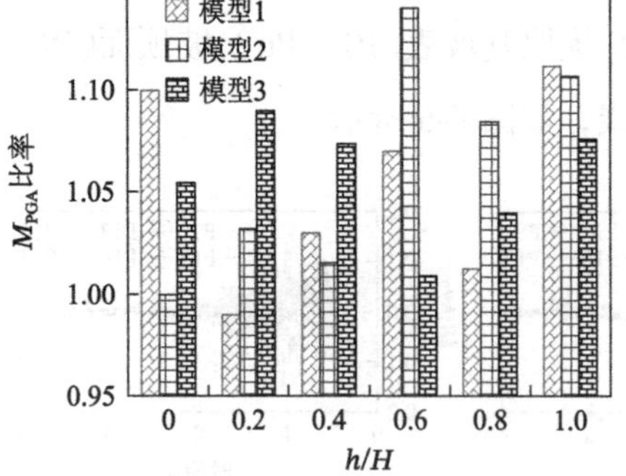

图 6-8　坡表M_{PGA}与坡体内部M_{PGA}的比值

此外，节理的类型影响边坡动力放大效应，图 6-9 展示了模型 1～2 与模型 3 的M_{PGA}比值变化。由图 6-9 可知，模型 1～2 与模型 3 在坡表和坡体内部的M_{PGA}比值均大于 1.0。其中，模型 1 与模型 3 的M_{PGA}比值最小，而模型 2 与模型 3 的M_{PGA}比值最大。这表明了边坡动力放大效应的顺序为：顺层节理边坡 > 平行节理边坡 > 反倾节理边坡。

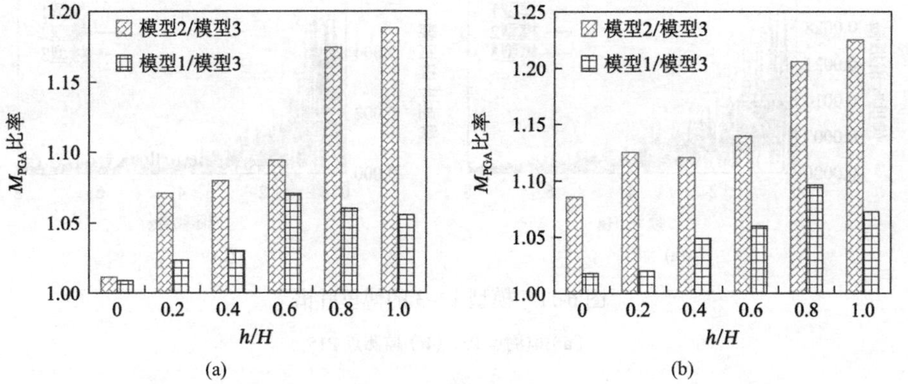

图 6-9　模型 1～2 与模型 3 的M_{PGA}比值

（a）坡表；（b）坡体内部

6.2.2　频域分析

当地震波穿过岩体不连续面时，通过时域分析参数较难揭示地震波的传播特性，也难以阐明不连续节理对边坡放大效应的机理。由于不连续节理的存在，在岩体中传播的某些频率段地震波的动力响应特性发生了较大变化。因此，基于频域对模型进行边坡地震响应分析是必要的。

针对边坡模型中坡表和坡体内部测点的加速度时程曲线进行快速傅里叶变换（FFT）。以模型 1 为例，其频谱特性如图 6-10 所示。

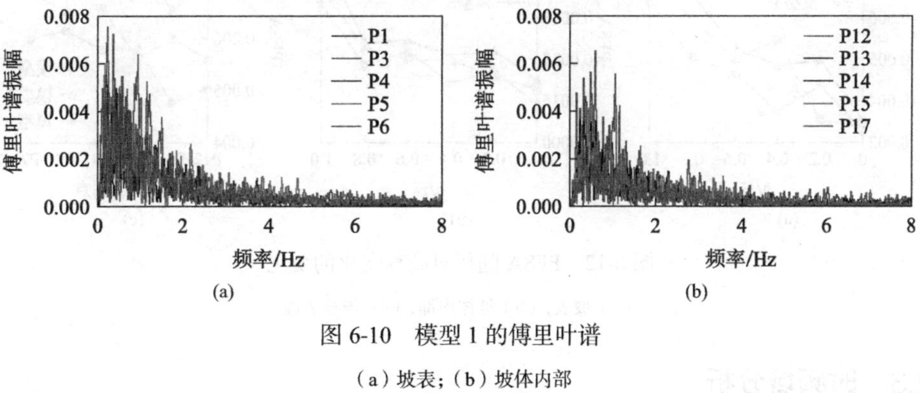

图 6-10　模型 1 的傅里叶谱

（a）坡表；（b）坡体内部

由图 6-10 可知，傅里叶谱中的每个频率都有一个振幅，代表信号中整个频率的正弦波或余弦波。不同位置的峰值傅里叶谱振幅（PFSA）整体上介于 0.5～1.5Hz 之间，即模型 1 的固有频率约为 0.5～1.5Hz。然而，由于地形和地质条件的影响，模型中不同位置的 PFSA 各不相同。以 P15 和 P3 为例，其傅里叶谱如图 6-11 所示。图 6-11 表明了模型 1～3 的固有频率基本相同。

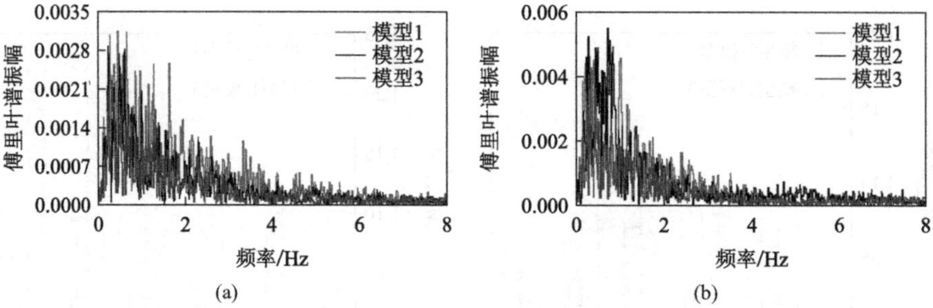

图 6-11　模型 1～3 的傅里叶谱

（a）监测点 P3；（b）监测点 P15

选取 PFSA 作为分析参数，通过分析 PFSA 的变化，进一步研究边坡模型的地震响应特性。各边坡模型的 PFSA 变化如图 6-12 所示。图 6-12（a）和图 6-12（b）显示，当相对高程h/H小于 0.6 时，PFSA 呈非线性增长，表现出明显的波动特性；当h/H大于 0.6 时，PFSA 显著增加；当h/H大于 0.8 时，PFSA 出现快速增长现象。而在坡顶表面（图 6-12c），随着与坡肩距离的增加，PFSA 总体上有所减小。从各 PFSA 的对比分析可以看出，模型 1～3 的 PFSA 最大值分别约为 0.0075、0.0071 和 0.0064，从大到小排序依次为：模型 1 > 模型 2 > 模型 3。综上所述，地震波在岩体中的传播过程中，不连续节理对固有频率段的频谱振幅有明显的放大作用，其中顺层节理的放大效果大于平行节理，反倾节理的放大效果最小。

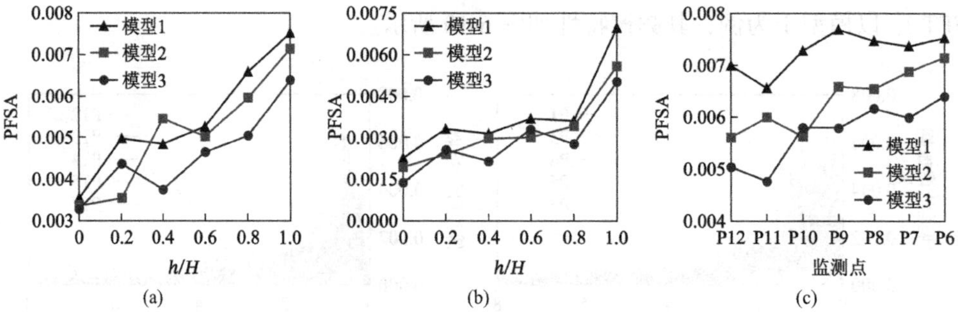

图 6-12　PFSA 随相对高程变化的变化

（a）坡表；（b）坡体内部；（c）坡顶表面

6.2.3　时频域分析

Huang 等[11]提出了一种信号分析方法，即希尔伯特黄变换（HHT）。该方法通过经验模态分解（EMD）将波形分解为固有模态函数（IMF），适用于处理非平稳非线性信号。

HHT 先对复杂时间序列进行 EMD 处理，EMD 通过假设多个不同函数和一个非正弦的简单 IMF 构建一个复杂时间序列。基于上述假设，EMD 可以将任何时间序列分解为多个从高频到低频分布的 IMF，其中每个 IMF 都包含了原始信号的全部信息。所有

IMF 再通过 HHT 进行变换，以获取所有能量谱。边际谱振幅表示该频率下振动的概率，呈现能量传递的特性。同时边际谱具有较高的辨识度，可以反映原始地震信号的时频特性。因此，在时频域中，利用边际谱可以较好地反映边坡的动力响应特性。通过分析边际谱中 PMSA 的变化，可以准确判断地震波传播至边坡某一点时的能量变化。

以模型 1 的 P1 点为例，对其加速度时程进行 EMD 处理，得到一系列的 IMF，如图 6-13 所示。

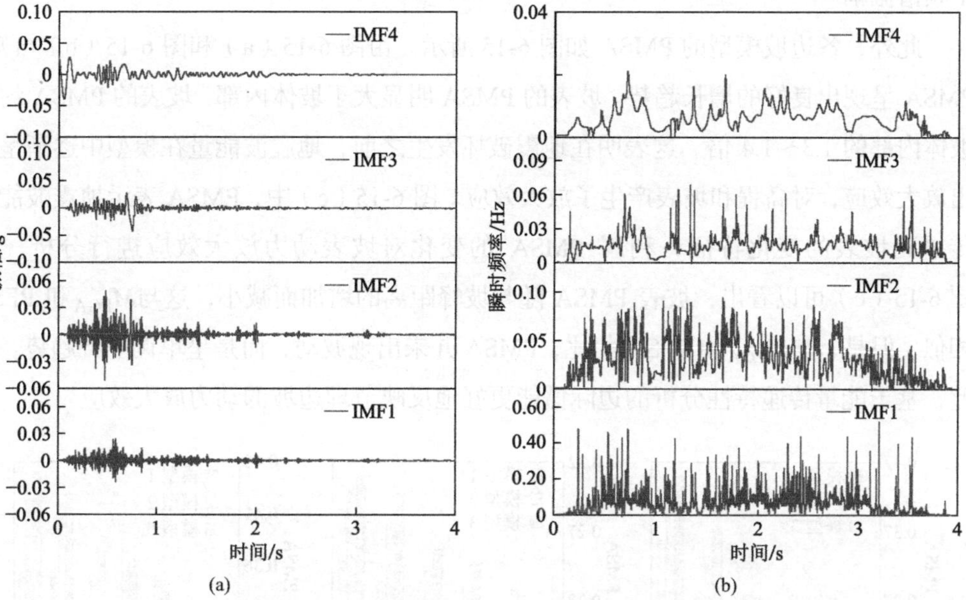

图 6-13　在 0.1g水平地震作用下，P1 点（坡脚）地震波的 EMD 结果

（a）固有模态函数；（b）瞬时频率

由图 6-13 可知，二阶 IMF（IMF2）的振幅最大，其瞬时频率谱更易于识别。因此，认为 IMF2 代表原始波的响应特性，并选择 IMF2 进行 HHT 得到边际谱，如图 6-14 所示。

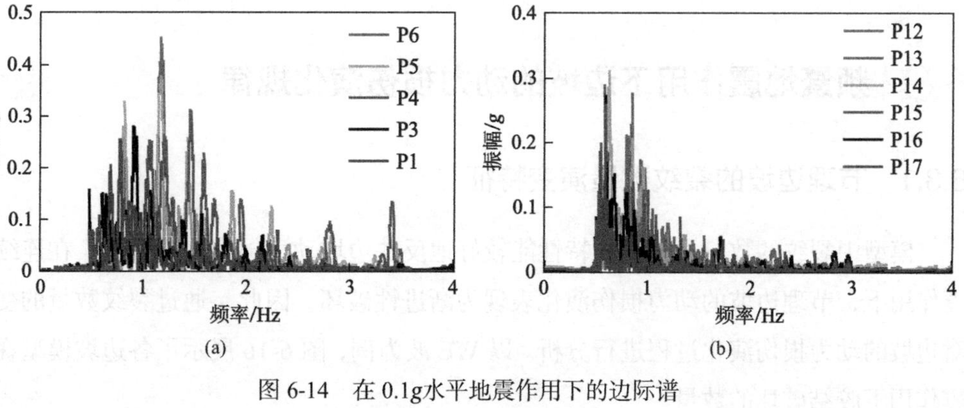

图 6-14　在 0.1g水平地震作用下的边际谱

（a）坡表；（b）坡体内部

沿整个频率轴，可以发现坡表处的频谱幅值较为明显（图 6-14a）；尤其是介于 0.5～1.5Hz 之间的边际谱振幅较大，且 PMSA 基本出现在 1.3Hz 左右。图 6-14（b）表明，在坡体内部，边际谱振幅主要集中在 0.5～1.0Hz 之间，在频率轴范围内（> 1Hz）的边际谱振幅较小。通过对比边际谱特性，可以看出坡体内部的地震能量在边际谱上更为集中。当地震波能量传播至坡表时，由于不连续节理的影响，频率轴上其他频率成分有一定程度上的增加。这些不连续节理影响了边际谱沿频率轴的分布特性，并放大了频谱振幅。

此外，各边坡模型的 PMSA 如图 6-15 所示。由图 6-15（a）和图 6-15（b）可知，PMSA 呈现出良好的增长趋势。坡表的 PMSA 明显大于坡体内部，坡表的 PMSA 约为坡体内部的 1.3～1.4 倍。这表明在地震破坏发生之前，地震波能量在模型中逐渐呈现出放大效应，对高程和坡表产生了放大效应。图 6-15（c）中，PMSA 表示地震波能量传播到坡表的变化特征，利用 PMSA 的变化对坡表动力放大效应进行分析。从图 6-15（c）可以看出，坡表 PMSA 随与坡峰距离的增加而减小，这与M_{PGA}和 PFSA 相似。但是，与M_{PGA}和 PFSA 相比，PMSA 并未出现波动，而是呈单调上升趋势。因此，基于能量传递特性分析的边际谱能更好地反映节理边坡的动力放大效应。

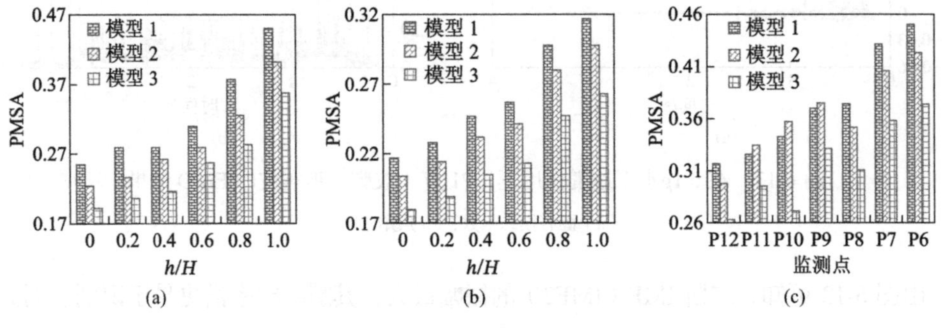

图 6-15 不同相对高程处的 PMSA

（a）坡表；（b）坡体内部；（c）坡顶表面

6.3 频繁地震作用下边坡的动力损伤演化规律

6.3.1 节理边坡的裂纹数量演变特征

模型中裂纹的数量及其演化特性能较好地反映边坡动力损伤演化过程。在连续地震作用下，节理边坡的动力损伤演化表现为渐进性破坏。因此，通过裂纹数量的变化对边坡的动力损伤演化过程进行分析。以 WE 波为例，图 6-16 展示了各边坡模型在地震作用下胶结破坏的数量。

由图 6-16 可知，模型 1～3 裂纹数量的变化特征差异较大。其中，各模型裂纹数量变化过程基本如下：在地震波持续时间 0～30s 内先快速增加，在 30～60s 内缓慢增加，介于 60～90s 区间内再次迅速增加，90～120s 内又恢复缓慢增加。这表明在 0.4g WE 波作用下，边坡开始发生大规模破坏。例如，在模型 1 中，总裂纹数量约为 7450 条。在 0.1g汶川地震波作用下，裂纹总数迅速达到 1850 条。当汶川地震波加速度增加到 0.2g时，总裂纹数略有增加，约为 2400 条。在 0.4g汶川地震波作用下，在 60～75s 内裂纹显著增加，总裂纹数增至 6800 条左右。而当 WE 波加速度达到 0.6g 时，裂纹增加缓慢，约为 7450 条。

此外，图 6-16 还显示，在相同条件下，模型 1 中裂纹总数的增加速率大于模型 3，模型 2 中裂纹总数的增加速率最小。模型 1 至模型 3 的总裂纹数分别为 7450 条、6850 条和 6150 条。其中，模型 2 的裂纹总数大于模型 3，但模型 3 的裂纹增加速率普遍大于模型 2。因此，在相同条件下，顺层节理边坡最容易失稳破坏，其次是平行节理边坡和反倾节理边坡。

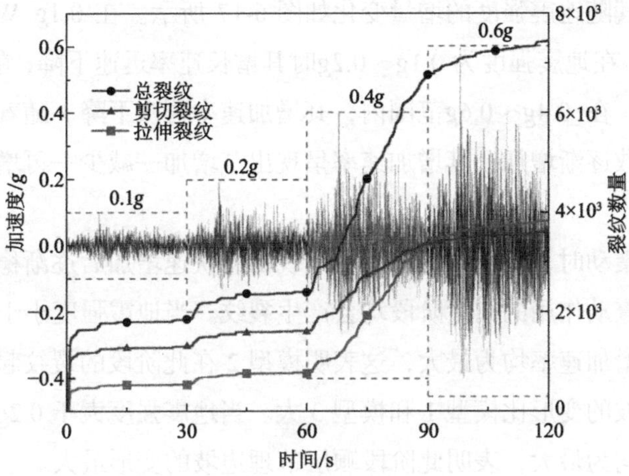

(a)

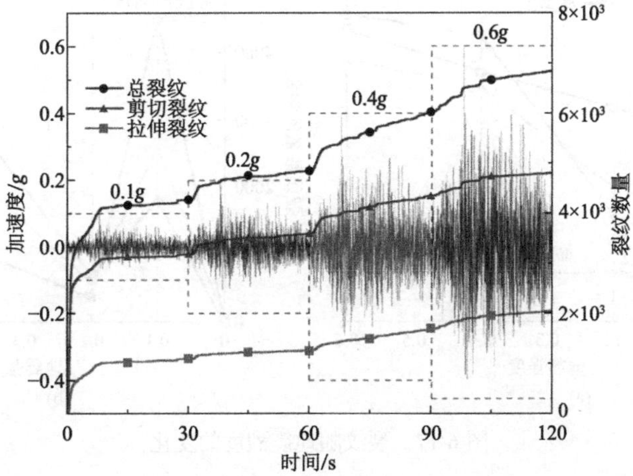

(b)

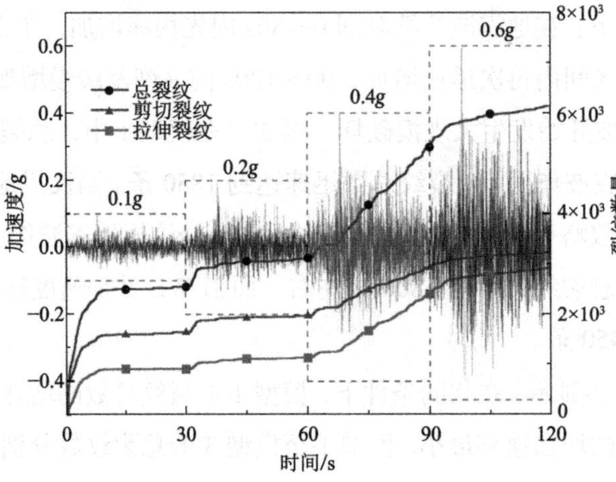

(c)

图 6-16　裂纹数量与地震持续时间的关系曲线

（a）模型 1；（b）模型 2；（c）模型 3

裂纹总数及其随地震强度的增量变化如图 6-17 所示。在 0.1g WE 波作用下，裂纹数量迅速增加；在地震强度为 0.1g～0.2g时其增长速率迅速下降；在 0.2g～0.4g阶段裂纹又迅速增加；在 0.4g～0.6g范围内，其增加速率再次下降。随着地震动持续时间的增加，裂纹总数逐渐增加，其增加速率呈现出“增加—减少—再增加—再减少”的特征。

施加单次地震动时，裂纹的变化特征呈现出先快速增加后逐渐稳定的现象。也就是说，在每次地震动作用的初始阶段均会产生裂纹。当地震强度小于 0.2g时，模型 2 的裂纹总数及其增加速率均为最大，这表明模型 2 在此阶段的裂纹起裂和扩展速率更快，纵向节理边坡的变形比模型 1 和模型 3 大。当地震强度大于 0.2g时，模型 1 的裂纹数量及其增量均为最大，表明此阶段顺层节理边坡的变形最大。

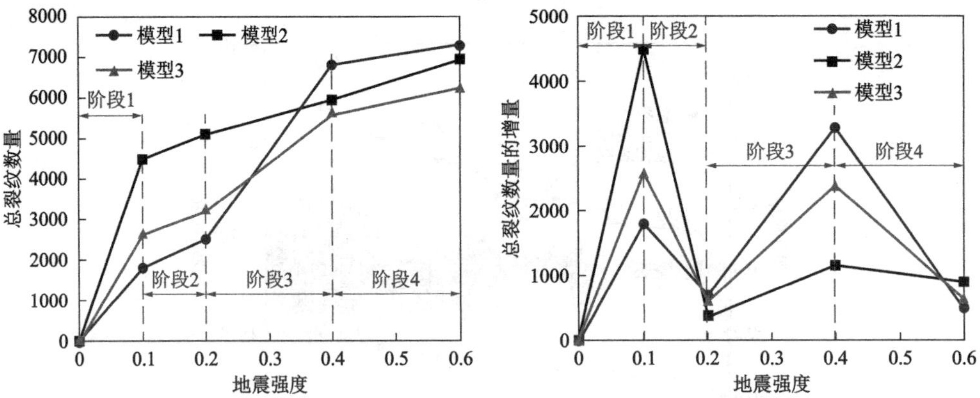

(a)　(b)

图 6-17　裂纹随地震烈度的变化

（a）总裂纹数量；（b）总裂纹数量的增量

综上所述，节理边坡的地震累积损伤演化过程包括四个阶段：阶段 1（裂纹起始）、阶段 2（裂纹扩展）、阶段 3（滑体大变形）和阶段 4（滑体失稳）。在边坡失稳过程中，主要存在三种主要效应：累积破坏效应（缓慢变形阶段）、起裂效应（强烈加载阶段）和加速效应（不稳定剧烈运动阶段）。

此外，通过分析裂纹数量的变化特征，可以明确节理边坡的滑体规模和失稳特性。由图 6-17 可知，模型 3 的裂纹总数和增量均为最小，这表明其滑体的体积规模也最小。

为进一步分析节理类型对边坡破坏的影响，图 6-18 展示了模型 1～2 与模型 3 的裂纹数量及裂纹比例。由图 6-18 可知，模型 1 的滑体规模大于模型 2。这表明，在连续地震作用下，顺层节理边坡的破坏规模最大，其次是平行节理边坡，反倾节理边坡的破坏规模最小。

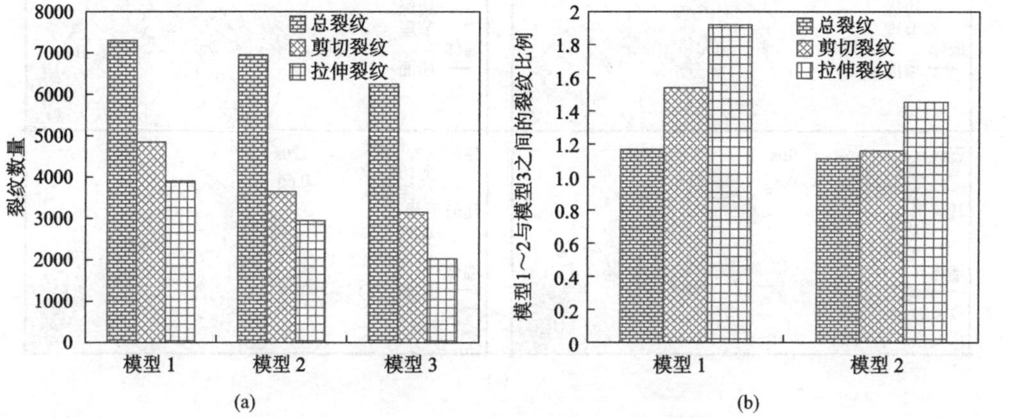

图 6-18　模型的裂纹数量及裂纹比例

（a）不同模型中的裂纹数量；（b）模型 1～2 与模型 3 之间的裂纹比例

6.3.2　粘结特性的损伤演化过程

由图 6-19（a）可知，当地震动强度小于 0.2g时，模型 1 中出现了一定数量的剪切和拉伸裂纹，但裂纹的总体分布相对均匀，未出现聚集现象。当地震动强度达到 0.4g时，颗粒间的粘结破坏数量迅速增加（6744 处粘结破坏），且滑移带附近的拉伸和剪切裂纹出现明显的聚集现象，即裂纹扩展的滑移带逐渐形成。当地震动强度达到 0.6g时，粘结破坏数量激增（7429 处粘结破坏）。滑移带上方的滑移区出现拉伸和剪切裂纹，滑体表现出滑动失稳。

由图 6-19（a）和图 6-19（c）可知，当地震动强度小于 0.2g时，顺层节理边坡和反倾节理边坡的裂纹较少，在坡表附近未形成明显的裂纹聚集现象。当地震动强度大于 0.4g时，坡表附近的粘结破坏迅速发展并密集出现，边坡逐渐表现出失稳破坏。从图 6-19（b）可以看出，在 0.1g地震动强度下，平行节理边坡的粘结破坏数量达到 4267

处，且裂纹在坡表附近出现聚集现象，剥落现象尤为明显。当地震动强度大于0.4g时，坡表的粘结破坏迅速聚集，并出现明显的失稳破坏。

此外，裂纹类型所占比例随边坡类型的不同也有差异。由图6-19可知，节理边坡（模型 1～3）滑体中的剪切裂纹明显多于拉伸裂纹，这表明节理边坡的拉伸破坏主要发生在剪切破坏过程中。特别是在图6-19中，地震初期边坡出现裂纹，随着地震强度的增加，边坡上的裂纹逐渐增多。坡表裂纹逐渐表现出快速团聚贯通的现象，继而出现失稳破坏。此外，坡体内部也出现了更多的裂纹。尽管坡体内部的裂纹较大，但由于裂纹并未贯通，因此没有造成边坡破坏。其中，模型右下角的裂纹是由于地震运动恶化所引起的。

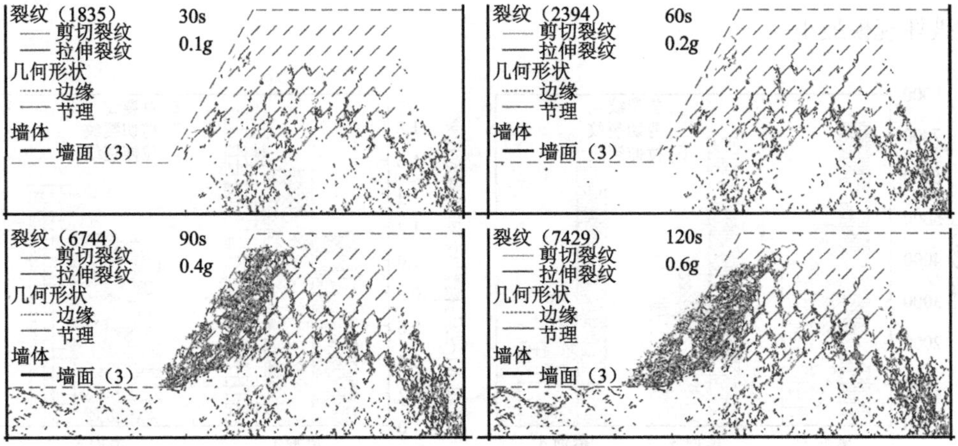

(a)

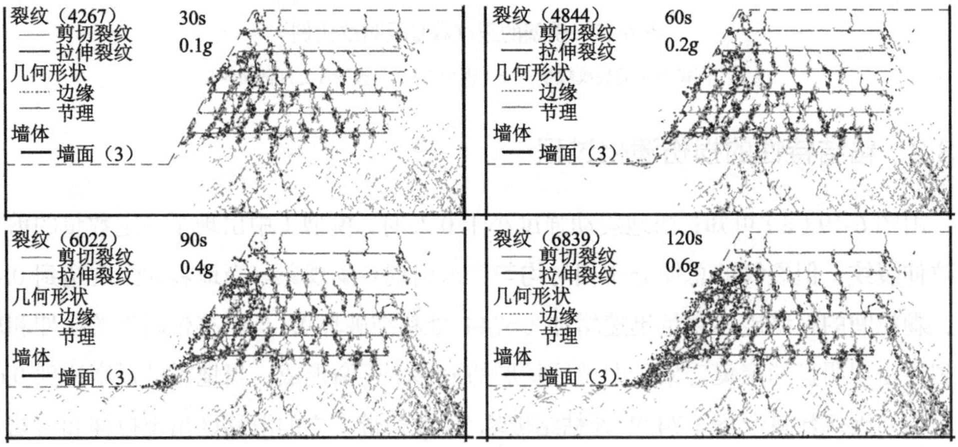

(b)

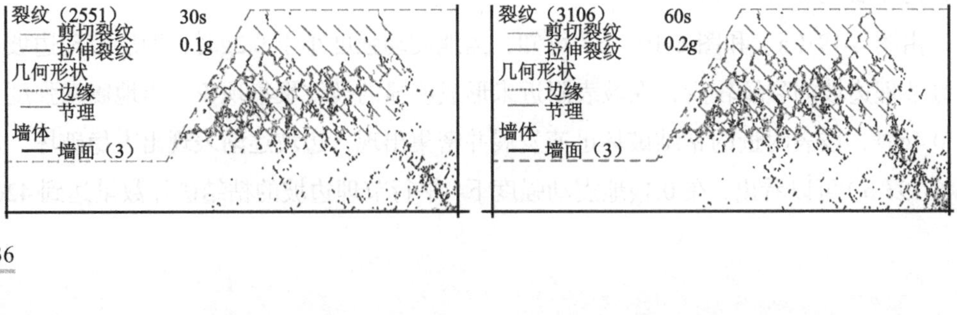

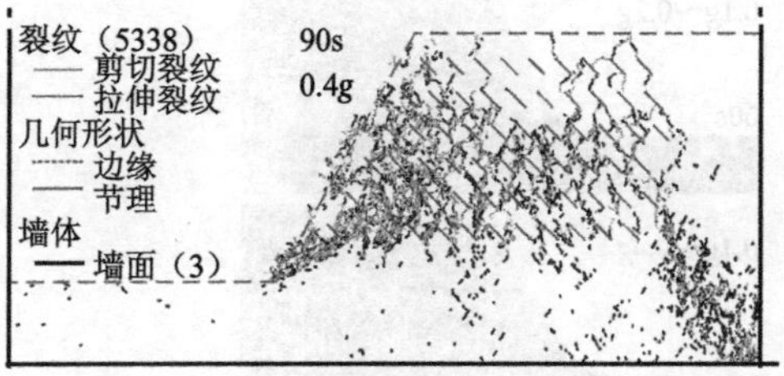

(c)

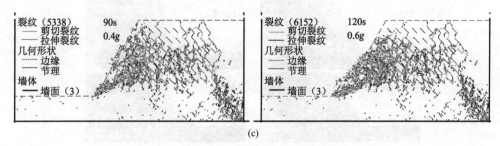

图 6-19　模型中粘结破坏过程的演化

（a）模型 1；（b）模型 2；（c）模型 3

综上所述，在连续地震作用下，边坡粘结破坏的损伤演化过程如下：边坡粘结破坏起始于边坡底部，随地震动的持续逐渐向坡表聚集。对于节理边坡，其粘结破坏主要发生在边坡区域附近和边坡下部的初始裂纹附近。在持续地震作用下，新的粘结破坏沿着初始裂纹发展，并在坡表附近不断累积。节理类型控制着边坡的粘结破坏、裂纹扩展和聚集。其中，不同类型节理边坡的粘结破坏速率如下：顺层节理边坡 > 反倾节理边坡 > 平行节理边坡。此外，地震波在边坡传播时，在不连续节理、裂纹及坡表处发生大量反射和折射，导致局部地震波能量叠加，从而引发了边坡裂纹形态的差异。

6.3.3　地震作用下边坡破坏模式

为分析地震下不同类型边坡的破坏模式，各模型累积损伤演化过程的动态位移分布如图 6-20 所示。

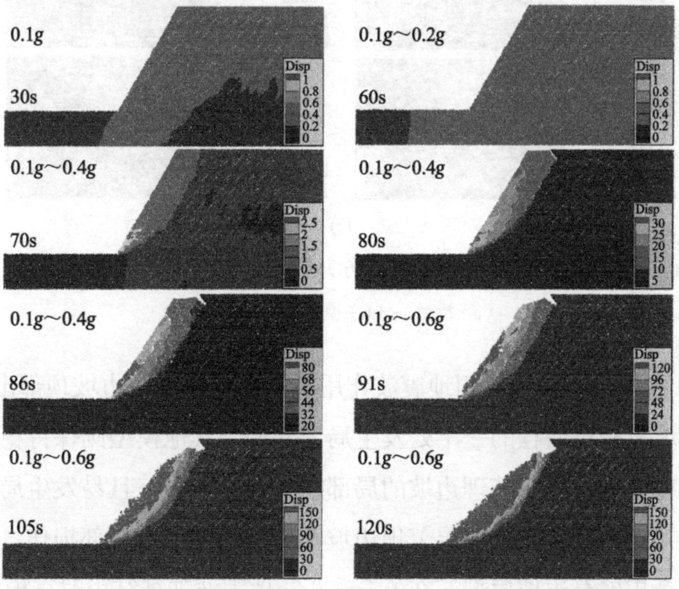

(a)

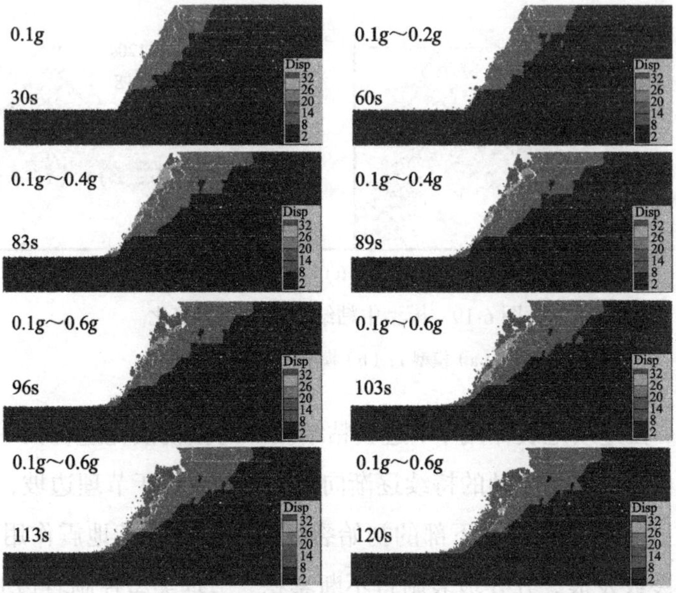

(b)

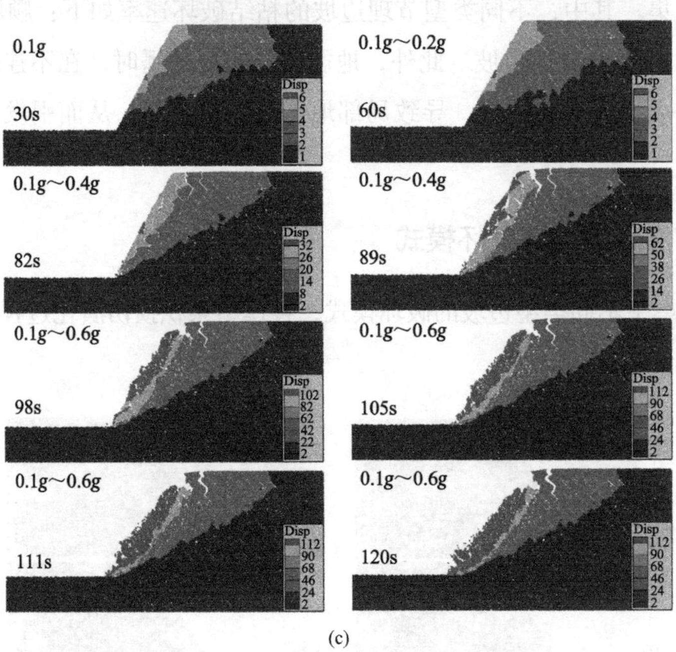

(c)

图 6-20　连续地震作用下边坡累积损伤演化过程的动态位移分布（单位：dm）

（a）模型 1；（b）模型 2；（c）模型 3

由图 6-20 可知，在 0.1g汶川地震波作用下，平行节理在边坡顶部出现剥落现象，而反倾节理在坡表相对高程的一半处发生局部变形，其他模型则保持稳定，无明显变形。这说明平行节理和反倾节理边坡的局部损伤开始较早，且易发生局部破坏。当地震强度增加至 0.1g～0.2g时，顺层节理边坡在模型趾部出现局部损伤，随着地震动的持续，裂纹逐渐扩展至边坡肩部。在 0.1g～0.2g地震波加载结束时，模型 1 肩部出现明显的裂纹，反倾节理边坡的局部损伤开始出现在坡表中部。当 0.1g～0.4g波结束时，模型 3 的局部损伤逐渐扩展至整个坡表，出现累积损伤。而平行节理边坡的情况较为特殊，其地震损伤始于边坡肩部，并逐渐向边坡趾部扩展。在 0.1g～0.4g地震波作用下，各边坡的累积损伤逐渐扩展至模型的上部，模型 1～3（节理边坡）的损伤区域进一步扩大。当地震强度达到 0.1g～0.6g时，均质边坡会逐渐形成滑体。在连续地震作用下，边坡发生大规模的失稳破坏。

此外，通过对比分析发现，边坡的破坏特性和破坏模式存在明显差异，这与不连续节理的分布特征和类型密切相关。边坡的地震失稳模式可归纳如下：顺层节理边坡的滑体沿纵向节理发生滑移破坏，滑移带近似呈圆弧状，但整体而言，滑动面沿纵向节理形成，这一结论得到了模型试验的验证，如图 6-21 所示。平行节理边坡沿坡表出现剥落和崩塌现象，滑移带相对平滑，滑移带与平行节理相交并呈现倾斜状，这是由于平行节理影响下的累积剥落和滑动所致。反倾节理边坡的滑移带特征与均质边坡相似，也呈现出圆弧状特征，但其破坏特性与均质边坡明显不同，表现为沿反倾节理的反倾破坏。

图 6-21　振动台模型试验中顺层节理边坡（模型 1）的动态破坏过程[22]

6.4　小结

本章采用离散元方法研究节理边坡的累积损伤演化过程，其主要结论如下：

（1）具有不连续节理的岩质边坡表现出明显的地形地质放大效应。高程、坡表形态及节理特征共同影响着这类岩质边坡的动力响应。具体而言，不连续节理放大了边坡的动力响应，且节理类型对坡表和高程的动力放大效应具有显著影响。三种模型的动力放大效应排序为：顺层节理边坡 > 平行节理边坡 > 反倾节理边坡。随着与坡肩距离的增加，动力放大效应逐渐减弱；而随着高程的增加，放大效应增强，且坡表的放大效应大于坡内放大效应。

（2）节理边坡裂纹随地震动的持续而逐渐增多，其增长速率呈现出“增加—减少—再增加—再减少”的周期性变化特征。同时，节理类型影响着边坡破坏的规模和时间。而裂纹在每次地震动的初期产生，边坡破坏规模排序为：顺层节理边坡＞平行节理边坡＞反倾节理边坡。节理边坡的地震失稳机理可归纳为：在小型地震作用下，坡表裂纹的起始引起局部损伤；在持续地震动作用下，裂纹不断加深扩展，局部损伤逐渐累积；最终形成边坡滑体，边坡发生滑移并失稳。因此，节理边坡的地震累积损伤演化过程涵盖了局部损伤（触发效应）、局部损伤扩展（累积效应）和滑动体形成及失稳（加速效应）。

（3）在持续的地震动作用下，节理边坡中的裂纹不断增多，地震损伤逐渐由局部损伤演化为整体失稳。与均质边坡相比，节理边坡的粘结破坏速率明显较低。不连续节理的分布特征和类型通过影响裂纹的萌生和扩展模式，进而对边坡的累积损伤演化过程和破坏模式产生影响。具体而言，顺层节理边坡具有滑移特征，平行节理边坡以沿滑移带剥落、崩塌为特征，而反倾节理边坡展现出反倾破坏特性。

参考文献

[1] Bian K, Liu J, Hu X J, et al. Study on failure mode and dynamic response of rock slope with nonpersistent joint under earthquake[J]. Rock and Soil Mechanics. 2018, 39(8): 3029-3037.

[2] Chen Z, Song D. Numerical investigation of the recent Chenhecun landslide(Gansu, China)using the discrete element method[J]. Natural Hazards, 2021 105: 717-733.

[3] Chen Z, Song D Q, Hu C, et al. The September 16, 2017, Linjiabang landslide in Wanyuan County, China: preliminary investigation and emergency mitigation[J]. Landslides, 2020, 17: 191-204.

[4] Chigira M, Wu X, Inokuchi T, et al. Landslides induced by the 2008 wenchuan earthquake, Sichuan[J]. Geomorphology, 2010, 118(3-4): 225-238.

[5] Cundall P A, Strack O D L. A discrete numerical model for granular assemblies[J]. Geotechnique, 1979, 29: 47-65.

[6] Deng Z, Liu X, Liu Y, et al. Model test and numerical simulation on the dynamic stability of the bedding rock slope under frequent microseisms[J]. Earthquake Engineering and Engineering Vibration, 2020, 19: 919-935.

[7] Fan G, Zhang J J, Wu J B, et al. Dynamic response and dynamic failure mode of a weak intercalated rock slope using a shaking table[J]. Rock Mechanics and Rock Engineering, 2016, 49(8): 1-14.

[8] He J, Xiao L, Li S, et al. Study of seismic response of colluvium accumulation slope by particle flow code[J]. Granular Matter, 2010, 12(5): 483-490.

[9] 胡训健, 卞康, 李鹏程, 等. 水平厚层状岩质边坡地震动力破坏过程颗粒流模拟[J]. 岩石力学与工程学报, 2017, 36(9): 2156-2168.

[10] Huang J, Liu X L, Song D Q, et al. Laboratory-scale investigation of response characteristics of liquid-filled rock joints with different joint inclinations under dynamic loading[J]. Journal of Rock Mechanics and Geotechnical Engineering, 2021, 14(2): 396-406.

[11] Huang N E, Shen Z, Long S R, et al. The empirical mode decomposition and the Hilbert spectrum for nonlinear and nonstationary time series analysis[J]. Philosophical Transactions of The Royal Society A-Mathematical Physical and Engineering Sciences, 1989, 454: 903-995.

[12] Jiang M, Zhang N, Cui L, et al. A size-dependent bond failure criterion for cemented granules based on experimental studies[J]. Computers and Geotechnics, 2015, 69: 182-198.

[13] Jibson R W, Tanyaş H. The influence of frequency and duration of seismic ground motion on the size of triggered landslides—a regional view[J]. Engineering Geology, 2020, 273: 105671.

[14] 刘新荣, 邓志云, 刘永权, 等. 地震作用下水平层状岩质边坡累积损伤与破坏模式研究[J]. 岩土力学, 2019, 40(7): 2507-2516.

[15] Mehranpour M H, Kulatilake P H S W. Improvements for the smooth joint contact model of the particle flow code and its applications[J]. Computers and Geotechnics, 2017, 87: 163-177.

[16] Scaringi G, Fan X, Xu Q, et al. Some considerations on the use of numerical methods to simulate past landslides and possible new failures: the case of the recent Xinmo landslide(Sichuan, China)[J]. Landslides, 2018, 15: 1359-1375.

[17] Song D Q, Liu X L, Huang J, et al. Seismic cumulative failure effects on a reservoir bank slope with a complex geological structure considering plastic deformation characteristics using shaking table tests[J]. Engineering Geology, 2021, 286(3): 106085.

[18] Song D Q, Liu X L, Li B, et al. Assessing the influence of a rapid water drawdown on the seismic response characteristics of a reservoir rock slope using time–frequency analysis[J]. Acta Geotechnica, 2021, 16: 1281-1302.

[19] Tang C L, Hu J C, Lin M L, et al. The mechanism of the 1941 Tsaoling landslide, Taiwan: insight from a 2D discrete element simulation[J]. Environmental Earth Sciences, 2013, 70(3): 1005-1019.

[20] Itasca Consulting Group Inc. PFC, Version 5.0[Z]. Minneapolis, 2014.

[21] Itasca Consulting Group Inc. PFC2D Particle Flow Code[Z]. Minneapolis, 2002.

[22] 王斌. 强震作用下含不连续面高陡岩质边坡动力响应振动台试验研究[D]. 上海: 上海交通大学, 2015.

[23] Yuan R, Wang Y, Jin J, et al. Local structural and geomorphological controls on landsliding at the Leigu restraining bend of the Beichuan-Yingxiu fault system during the 2008 Mw 7.9 Wenchuan earthquake[J]. Landslides, 2019, 16: 2485-2498.

[24] Zhu L, Cui S, Pei X, et al. Experimental investigation on the seismically induced cumulative damage and progressive deformation of the 2017 Xinmo landslide in China[J]. Landslides, 2021, 18: 1485-1498.

[25] Zhang X P, Wong L N Y. Crack initiation, propagation and coalescence in rock-like material containing two flaws: a numerical study based on bounded-particle model approach[J]. Rock Mechanics and Rock Engineering, 2013, 46(5): 1001-1021.

[26] 张国凯, 李海波, 夏祥, 等. 岩石细观结构及参数对宏观力学特性及破坏演化的影响[J]. 岩石力学与工程学报, 2016, 35(7): 1341-1352.